Gabriel Castellano
Didier Gastmans

Émissions de dioxyde de carbone par le sol dans la forêt tropicale atlantique

Gabriel Castellano
Didier Gastmans

Émissions de dioxyde de carbone par le sol dans la forêt tropicale atlantique

Forêt saisonnière semi-décidue

ScienciaScripts

Imprint

Any brand names and product names mentioned in this book are subject to trademark, brand or patent protection and are trademarks or registered trademarks of their respective holders. The use of brand names, product names, common names, trade names, product descriptions etc. even without a particular marking in this work is in no way to be construed to mean that such names may be regarded as unrestricted in respect of trademark and brand protection legislation and could thus be used by anyone.

Cover image: www.ingimage.com

This book is a translation from the original published under ISBN 978-620-2-04929-0.

Publisher:
Sciencia Scripts
is a trademark of
Dodo Books Indian Ocean Ltd. and OmniScriptum S.R.L publishing group

120 High Road, East Finchley, London, N2 9ED, United Kingdom
Str. Armeneasca 28/1, office 1, Chisinau MD-2012, Republic of Moldova, Europe
Printed at: see last page
ISBN: 978-620-7-24416-4

RÉSUMÉ

1

1. INTRODUCTION

Les émissions de gaz à effet de serre (CO_2, CH_4, N_2O et autres gaz présents dans l'atmosphère) sont devenues l'une des principales préoccupations environnementales de notre époque (KUNTORO, 2009). Parmi ces gaz, le dioxyde de carbone (CO_2) est responsable d'environ 60 % de l'intensification de l'effet de serre (FERNANDES, 2003), puisque depuis le début de la révolution industrielle, les concentrations de ce gaz dans l'atmosphère sont passées de 280 ppm à environ 390 ppm (DENMAN et al., 2007).

L'une des principales causes de l'augmentation des concentrations de CO_2 dans l'atmosphère est liée à l'intensification des activités anthropogéniques, telles que les changements dans l'utilisation et la couverture des terres, c'est-à-dire le remplacement des biomes indigènes par la coupe et le brûlage de la végétation qui a été enlevée, favorisant le remplacement des espèces et des communautés végétales locales par des activités agricoles à des fins économiques. On estime que ces changements dans l'utilisation des terres, qui se produisent de préférence dans les environnements de savane et de forêt parce que les conditions pédologiques et climatiques de ces biomes sont idéales pour une production agricole à haut rendement, sont responsables d'environ 30 % des émissions totales de CO_2 dans l'atmosphère (SABINE et al., 2004).

Les émissions de dioxyde de carbone dans ces conditions sont dues à la fois au brûlage de la végétation indigène et à l'agriculture conventionnelle, qui est moins efficace pour accumuler le carbone organique et microbien dans le sol que les zones plantées en agriculture de conservation ou en forêt (CARDOSO et al., 2010).

Au cours des années 1980 et 1990, les émissions causées par la déforestation et l'élimination de la biomasse forestière ont été estimées à environ 10^9 tonnes de carbone par an (WATSON et al., 2000). Si les changements climatiques prévus se concrétisent, les impacts sur les forêts seront profonds et durables, variant d'une région à l'autre, affectant à la fois la distribution et la composition des forêts (IPCC, 2001 ; FAO, 2001).

Dans ce contexte, de nouvelles demandes de recherche sur la restauration des forêts sont apparues, en particulier celles liées à la quantification des services environnementaux fournis par la reforestation avec des espèces indigènes dans l'échange de carbone et à la discussion de l'efficacité de cette stratégie pour réduire les niveaux de CO_2 dans l'atmosphère (FOSTER E MELLO, 2007).

Étant donné que les écosystèmes tropicaux (sol et végétation) représentent entre 20 et 25% du carbone terrestre mondial, associé à leur énorme stock de carbone stocké dans le sol (SCHLESINGER, 1997) et leur rôle dans les processus biogéochimiques qui conduisent à la régulation du réchauffement climatique (FERNANDES, 2003), les études sur la dynamique de cet élément dans le sol ont été mises en avant, de même que la modélisation du changement climatique. Dans ce contexte, Kutsch et al. (2010) présentent quelques questions relatives à la capacité des écosystèmes à séquestrer le CO_2, telles que :

1)   Quelle quantité de CO_2 le sol peut-il séquestrer dans chaque écosystème du globe ? Et combien de temps ce carbone reste-t-il dans le sol ?

2)   L'augmentation de la production primaire nette de l'écosystème, due à l'augmentation de la concentration de CO_2 atmosphérique, associée à l'action anthropogénique, telle que la fertilisation azotée, augmentera-t-elle la production de litière et, par conséquent, le stock de carbone dans le sol ?

Les biomes forestiers sont des réservoirs de carbone efficaces, les forêts renfermant environ la moitié du carbone total stocké par la végétation terrestre. Les forêts boréales représentent 26 % des stocks totaux de carbone terrestre, tandis que les forêts tropicales et tempérées en contiennent respectivement 20 % et 7 % (DIXON et al., 1994).

Le Brésil est le cinquième plus grand pays en termes de superficie, avec environ 5,7 % de la surface terrestre de la planète et 47,3 % de la superficie de l'Amérique du Sud. Il possède également un patrimoine naturel impressionnant, qui le place en tête de liste des pays mégadivers, ceux qui comptent le plus grand nombre d'espèces végétales et animales (CAMPANILI E SCHAFFER, 2010).

Parmi les principaux biomes brésiliens, la forêt tropicale atlantique, qui couvrait à l'origine une zone de 1 300 000 km^2 , s'étendant sur 17 États brésiliens, ne représente plus aujourd'hui que 27 % de son territoire d'origine. Elle est constituée d'un ensemble de formations forestières, ainsi que d'écosystèmes associés : prairies naturelles, restingas et mangroves, dont les vestiges sont répartis en milliers de fragments de végétation, qui conservent encore des niveaux élevés de faune et de flore et fournissent des services environnementaux inestimables en protégeant les sources d'eau, en contenant les pentes et en régulant le climat (CAMPANILI ET SCHAFFER, 2010).

Parce qu'elle est située dans des régions du Brésil qui ont subi d'importantes transformations économiques dépendant des processus de production agricole et animale, la forêt saisonnière semi-décidue est l'une des formations forestières atlantiques les plus dégradées et les plus fragmentées de l'État de São Paulo. Des genres d'origine amazonienne dominent cette forêt : *Parapiptadenia, Peltophorum, Cariniana, Lecythis, Tabebuia* et *Astronium* (VELOSO et al., 1991). Les formations arborescentes qui recouvrent les sols basaltiques eutrophiques sont rares car le sol est très apprécié pour la production agricole.

Le prélèvement de bois dans les formations de la forêt saisonnière semi-décidue, en particulier dans la strate supérieure, a été si important, surtout au cours du XXe siècle, qu'il est aujourd'hui douteux qu'il y ait des vestiges qui n'aient pas subi de fortes pressions anthropiques dans le passé (RODRIGUES, 1999).

Par conséquent, la restauration de la forêt tropicale atlantique joue un rôle important en tant qu'écosystème régulateur de CO_2, et pas seulement en ce qui concerne la biodiversité et d'autres attributs connexes, ce qui explique la création du Pacte pour la restauration de la forêt tropicale atlantique. Selon le protocole établi dans ce pacte, 15 millions d'hectares doivent être plantés et restaurés dans tout le Brésil d'ici à 2050, répartis selon des plans annuels. Ce processus entraînera un changement régional dans l'utilisation et l'occupation des sols, ce qui devrait modifier les bilans de CO_2 à l'échelle régionale et mondiale. Parmi les priorités du protocole figure l'évaluation des services environnementaux ou écosystémiques offerts à la société par les zones restantes et celles en cours de restauration, renforçant ainsi leur importance pour la qualité de vie et les moyens de production, en tirant parti des possibilités offertes par les marchés du carbone et de l'eau.

Cependant, pour que ces services soient correctement évalués, une vaste étude des cycles biogéochimiques du carbone dans la forêt tropicale atlantique est nécessaire. L'évaluation et la caractérisation des émissions de CO_2 dans des zones présentant différents types de sols et de physionomies forestières dans ce biome constituent une priorité, car ces émissions peuvent constituer un indicateur important de la qualité environnementale du sol, ainsi qu'une orientation pour les plans de plantation et de restauration.

1.1 Objectifs

L'objectif principal de cette étude était de caractériser les taux d'émission de CO_2 du sol dans deux zones forestières indigènes du domaine morphoclimatique de la forêt atlantique, situées dans la forêt d'État Edmundo Navarro de Andrade (FEENA), plantées en 1918 et en 2014. Les objectifs secondaires sont les suivants :

• Corréler ces émissions avec les paramètres physico-chimiques de l'atmosphère et du sol : pression, température de l'air, humidité de l'air, température de l'air, humidité de l'air, coefficient de résistivité thermique, teneur en carbone du sol et rapport C/N ;

• Construire un modèle statistique robuste à partir des corrélations observées, capable de prédire les taux d'émission pour la zone étudiée

• Évaluer le fonctionnement, dans des conditions de terrain, du système d'exploitation de la chambre d'écoulement couplé au compteur de gaz à infrarouge développé par Moreno (2012).

2. analyse DOCUMENTAIRE

2.1 Cycle biogéochimique du carbone

Le carbone est un élément essentiel à la vie sur la planète, un constituant des molécules organiques et des tissus des organismes vivants. Il est incorporé dans l'atmosphère par les plantes par photosynthèse pour former le glucose ($C_6H_{12}O_6$), constituant de la matière organique. Il est restitué à l'atmosphère par la respiration des organismes producteurs, consommateurs et décomposeurs (CALIJURI, 2013).

L'une de ses principales formes d'apparition est la combinaison avec l'oxygène, formant des molécules de dioxyde de carbone, qui sont présentes dans l'atmosphère (le plus grand réservoir), ou dissoutes dans les eaux des mers, des rivières et des lacs, ou encore incorporées dans le sol sous forme de matière organique (DIAS, 2006).

Le cycle du carbone a été modifié par l'activité anthropique au cours des dernières années, que ce soit par la combustion de combustibles fossiles, les changements dans l'utilisation et l'occupation des sols par l'abattage des forêts et la combustion de la biomasse, ou l'activité volcanique. On estime que les activités anthropiques contribuent actuellement à l'émission de sept milliards de tonnes de CO_2 dans l'atmosphère chaque année. La moitié de ce carbone reste dans l'atmosphère, le reste est dissous dans les océans ou séquestré par l'activité photosynthétique, retenu dans la biomasse ou ajouté à la matière organique du sol (SCHLESINGER, 1997 ; GRACE, 2001).

Dans le milieu aquatique, le CO_2 atmosphérique se combine à l'eau par diffusion pour former l'acide carbonique (H_2CO_3), qui est rapidement dissocié en ions H^+, en bicarbonate (HCO_3^{-1}) et en carbonate (CO_3^{-2}), selon la réaction suivante :

$$CO_2 + H_2O \leftrightarrow H_2CO_3 \leftrightarrow H^+ + HCO_3^{-1} \leftrightarrow 2H^+ + CO_3^{-2} \quad (1)$$

Cette réaction est réversible et se produit toujours dans le sens du composant ayant la concentration la plus élevée vers celui ayant la concentration la plus faible, tant dans l'eau que dans l'air, c'est-à-dire que la réaction indique que lorsqu'il y a une augmentation de la concentration de CO_2 dans l'atmosphère, les océans absorberont plus de CO_2, qui restera dissous dans l'eau sous forme de bicarbonate ou de carbonate (CALIJURI, 2013).

Si des ions calcium sont présents dans l'eau, ils peuvent également réagir avec les ions carbonate et bicarbonate pour former du carbonate de calcium, qui précipitera en raison de sa faible solubilité et s'accumulera dans les sédiments, selon la réaction ci-dessous :

$$Ca^{+2} + CO_3^{-2} \quad \rightarrow \quad CaCO_3 \,(2)$$

Dans des conditions de pH acide, la formation d'acide carbonique élimine le carbone du système. Cette élimination réduit la quantité de $CaCO_3$, ce qui augmente le taux de dissolution du calcaire. Lorsque ces eaux légèrement acides chargées en calcium rencontrent les eaux à pH plus élevé de l'océan, le $CaCO_3$ peut à nouveau précipiter et s'accumuler dans les sédiments (CALIJURI, 2013).

Dans le milieu marin, dans des conditions neutres, le système carboné reste en équilibre, comme le montre la réaction ci-dessous :

L'activité des organismes peut affecter cette réaction. L'élimination du CO_2 par la photosynthèse déplace l'équilibre vers la gauche, favorisant la formation et la précipitation du carbonate de calcium (CALIJURI, 2013).

Dans les zones continentales, le plus grand réservoir de carbone est représenté par les sols, qui stockent environ 40×10^{18} g de carbone, tandis que la couverture végétale a un stock de carbone estimé à 56×10^{16} g (SCHLESINGER, 1997 ; GRACE, 2001). Les sols des forêts tropicales agissent comme une source et un puits de divers gaz, y compris le CO_2, et jouent un rôle important dans les processus physico-chimiques de l'atmosphère (KELLER et al., 1986).

Par le biais de la photosynthèse, on estime que chaque année, environ 60×10^{1} 5 g de carbone sont fixés dans les tissus végétaux, et que la quasi-totalité retourne dans l'atmosphère par la respiration des tissus vivants et du sol (SCHLESINGER, 1997). Les processus naturels et cycliques connus sous le nom de cycle du carbone comprennent la photosynthèse, la respiration et la dissolution (figure 1).

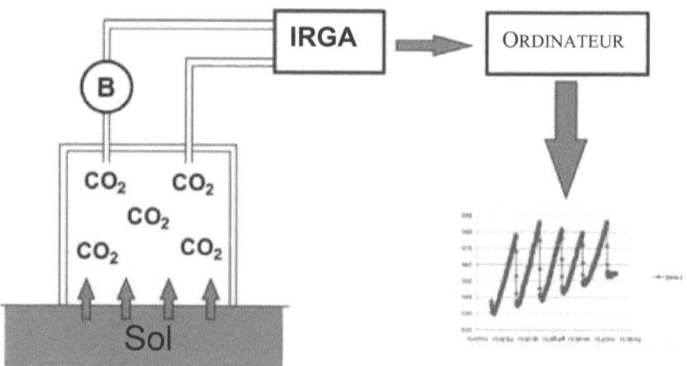

FIGURE 1. PRINCIPAUX STOCKS ET FLUX ANNUELS DE CARBONE (EN PGC). SOURCE : ADAPTÉE DE SCHLESINGER (1997) PAR

6

Dias (2006).

2.2 Stocks et fixation du carbone dans les sols tropicaux

Les quantités dynamiques d'humus, ou de carbone dans le sol, sont déterminées par l'ensemble des facteurs pédoclimatiques et la gestion du système sol-plante, qui contrôlent les taux de dépôt, d'incorporation et de décomposition du carbone dans le sol (SIQUEIRA E FRANCO, 1988). Dans un sol en équilibre avec la végétation, la teneur en carbone (C) est donnée par la formule :

$$C = A/K , \text{ où } A = b. M \text{ (4)}$$

Où : **C représente** la teneur (%) ou la quantité (t.ha^{-1}) de carbone dans le sol qui, multipliée par la valeur de 1,724, correspond à la matière organique (MO) du sol ; **A** est l'apport annuel de carbone au sol (t.ha^{-1}) ; **K** représente le taux annuel de décomposition du carbone organique du sol ; **b** est la quantité (t.ha^{-1}) de MO-matière organique fraîche (branches, feuilles et racines mortes) et **m** est le taux de conversion.

Lorsque des zones sont restaurées avec des forêts indigènes, des résidus végétaux sont ajoutés au sol, ce qui entraîne une accumulation de carbone. Des expériences à long terme ont montré qu'il existe une relation linéaire positive entre l'apport de résidus végétaux (BAYER, 1996 ; LOVATO et al., 2004), ou d'autres sources de carbone (NICOLOSO, 2009), et l'augmentation des concentrations de carbone dans les premiers centimètres du sol dans les zones agricoles, ce qui montre que les sols tropicaux et subtropicaux cultivés sont des accumulateurs de carbone efficaces (figure 2).

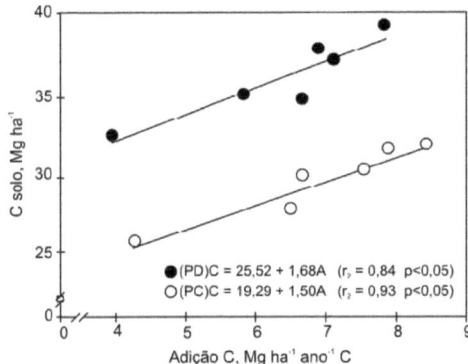

Figure 2 - Relation entre l'apport de carbone par les systèmes agricoles d'Argissolo soumis à la plantation directe (PD) et à la plantation conventionnelle (PC) SOURCE : Bayer et al. (2011).

La matière organique a une capacité d'échange cationique (CEC) élevée, qui varie de 300 à 1400 meq.100g^{-1}, et exerce un effet de couverture sur le sol, qui est lié à la capacité du sol à maintenir son pH inchangé lorsqu'il est traité avec un acide (engrais) ou une base (chaulage). Elle agit comme un réservoir de cations (Ca^{+2}, Mg^{+2}, K^{+} et micronutriments) et d'anions (PO$_4^{-3}$ et SO$_4^{-2}$), favorisant les conditions physiques telles que l'agrégation et la stabilité des agrégats, l'aération, la capacité de rétention d'eau et la perméabilité du sol, réduisant ainsi la susceptibilité à l'érosion (SIQUEIRA E FRANCO, 1998).

De nombreux modèles conceptuels séparent la matière organique en fonction de sa stabilité et de sa vitesse de décomposition par l'action des micro-organismes du sol, ce qui entraîne l'émission de CO_2 et une modification de la composition chimique du sol. L'activité biologique transforme la litière de feuilles ou la paille en humus stable, ce qui améliore l'aération et les aspects physiques du sol en incorporant la matière organique dans les couches plus profondes (KUTSCH et al., 2010).

De cette manière, la matière organique ajoutée n'influence pas seulement la respiration du sol directement par sa décomposition, mais crée également des conditions idéales pour les micro-organismes du sol et les plantes, améliorant les conditions physiques du sol, déterminant ses propriétés et, par conséquent, d'autres variables environnementales corrélées à l'efflux de CO_2 dans le sol.

La saturation en carbone du sol a été rapportée dans différents types de sol, avec différentes textures et sous différents climats (STEWART, 2009). Le processus se produit principalement dans les couches superficielles, en raison de l'accumulation générée par les feuilles, les branches et les racines superficielles (NICOLOSO, 2009), et est représenté par un modèle asymptotique (figure 3) pour la relation entre le stock de carbone et l'ajout de carbone, plutôt que par un modèle linéaire (SIX et al., 2002).

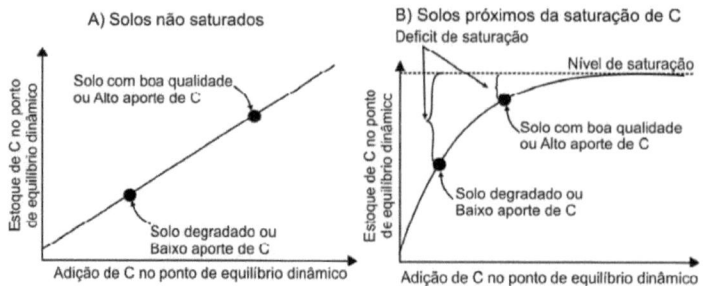

FIGURE 3 : MODÈLE THÉORIQUE REPRÉSENTANT LES RÉPONSES DES SOLS À DIFFÉRENTS NIVEAUX DE DÉGRADATION. SOURCE : BAYER ET AL. (2011).

Les modèles cinétiques qui considèrent que l'accumulation de matière organique dans le sol est linéaire peuvent surestimer la capacité du sol à la retenir et ne pas tenir compte du processus de saturation (Figure 3) (NICOLOSO, 2009). La saturation intervient dans les mécanismes de protection du carbone (CHUNG et al., 2008). Le modèle linéaire est efficace pour représenter l'ajout de carbone dans les sols dégradés. Dans les sols saturés, le modèle asymptotique représente de manière adéquate l'accumulation de matière organique.

Les sols dégradés à faible teneur en carbone ont la plus grande capacité et efficacité de stockage du carbone (figure 3), car ils sont loin de leur niveau de saturation. Les tests au carbone 13 ont montré que plus le déficit est important, plus la capacité à stabiliser le carbone ajouté est grande, et que l'efficacité de la stabilisation diminue avec l'augmentation du carbone dans le sol (STEWART et al., 2008).

On constate que l'apport de carbone est maximal dans les forêts tropicales et les sols cultivés, où la production de phytomasse est plus importante que dans les forêts tempérées et les savanes tropicales, qui présentent des limitations climatiques ou nutritionnelles. Le taux de décomposition (K) est fortement influencé par des facteurs environnementaux tels que la température, l'humidité et l'aération, variant considérablement entre les écosystèmes et étant plus élevé dans les sols cultivés ou sous les forêts tropicales (SIQUEIRA E FRANCO, 1988).

Les principaux changements physiques qui se produisent dans le sol des zones cultivées par rapport au sol des forêts indigènes sont une diminution de la macroporosité, de la porosité totale et de la conductivité hydraulique saturée, ainsi qu'une augmentation de la densité du sol (ZALAMENA, 2008). Une densité élevée du sol limite la quantité d'oxygène disponible pour les micro-organismes. En revanche, une porosité élevée favorise l'oxygénation du sol, encourageant l'activité microbienne et augmentant par conséquent les émissions (FANG et al., 1998).

La capacité à protéger et à stabiliser le carbone dans le sol, outre les pratiques de gestion adoptées, dépend des caractéristiques intrinsèques du sol. Les sols argileux sont plus efficaces pour stabiliser et conserver le carbone du sol que les sols sableux (GREGORICH et al., 1995 ; BOLINDER et al., 1999). Un bilan azoté positif est également essentiel pour que les sols tropicaux et subtropicaux puissent accumuler efficacement la matière organique (URQUIAGA et al., 2010).

Le stock de carbone dépendra du type de végétation présent sur le site, de la qualité et de la quantité de matériel végétal que chaque espèce produit et dépose sur le sol, et le climat déterminera la vitesse de décomposition, et par conséquent les émissions de CO_2 de la couche arable dans l'atmosphère. Les espèces tropicales et subtropicales sont des producteurs efficaces de biomasse.

Les espèces de graminées telles que le brachiaria ont une énorme capacité de production de carbone, produisant plus de 26 tonnes ha^{-1} de matière sèche, ce qui est comparativement plus important que les autres cultures. Le millet, par exemple, produit 8 t ha^{-1} de matière sèche (KLUTHCOUSKI ET AIDAR, 2003 ; KLUTHCOUSKI ET STONE, 2003). Une forêt indigène semi-décidue de l'État de Sao Paulo produit 12,2 tonnes par hectare et par an de matière sèche, y compris les feuilles et les branches (HORA et al., 2008).

Dans les forêts saisonnières semi-décidues, le pourcentage d'arbres à feuilles caduques, c'est-à-dire ceux qui perdent toutes leurs feuilles en hiver et déposent de la matière organique dans le sol, se situe entre 20 et 50 % du nombre total d'individus (VELOSO et al., 1991). Dans la région de Limeira - SP, dans une zone reboisée, la production de litière de feuilles était plus élevée en hiver (697 kg/ha) qu'en été (407 kg/ha), montrant une forte variation saisonnière, ce qui est une forte indication du degré de croissance et de l'équilibre écologique de la nouvelle forêt (MOREIRA E SILVA, 2004). Les émissions de CO_2 devraient donc être l'un des indicateurs de la qualité environnementale des systèmes forestiers.

Les racines des plantes sont plus efficaces pour accumuler le carbone dans le sol que les feuilles, les branches et les autres éléments aériens. Cela explique pourquoi les espèces de graminées sont souvent aussi efficaces que les forêts pour accumuler le carbone dans le sol. Dans une étude comparative, les racines ont converti 21 % de leur production de biomasse, alors que la partie aérienne n'en a converti que 12 % (BOLINDER et al., 1999).

Les racines, pendant leur croissance et après leur sénescence, contribuent à la formation et à la stabilisation des agrégats du sol, augmentant les taux d'accumulation du carbone par la protection physique de la matière organique (DENEF ET SIX, 2006), et le type de système racinaire des plantes influence la formation et la stabilisation des macro-agrégats (GALE et al., 2000).

Les sols avec des horizons de surface argileux sont plus efficaces pour stabiliser et conserver le carbone dans le sol que les sols sableux (GREGORICH et al., 1995 ; BOLINDER et al..), 1999) et présentent des taux de dégradation de la matière organique plus faibles. Ainsi, un Latossolo Bruno (avec 620 g kg^{-1} d'argile), évalué à la fois en labour conventionnel et en semis direct, présentait un taux de décomposition de 1,4 % et de 1,2 % pour chaque type de plantation, respectivement (BAYER et al., 2006). Les argisols à texture lâche avaient un taux de décomposition de 3,14 % pour le labour conventionnel et de 1,82 % pour le semis direct (LOVATO et al., 2004).

La matière organique des sols argileux tropicaux est généralement associée à des oxydes de fer, en raison de la grande stabilité chimique de la réaction organominérale, tandis que les sols à forte teneur en argile présentent de faibles taux de dégradation, même après que les couches superficielles ont été perturbées (OADES et al., 1989).

La microscopie a montré que le carbone, lorsqu'il adhère à la fraction colloïdale de l'argile, est protégé de la décomposition par les microorganismes (RAZAFIMBELO et al., 2008). Par conséquent, la stabilisation de la matière organique dans le sol dépend de sa texture et de sa minéralogie, de sorte que les teneurs en limon et en argile sont des paramètres fiables pour déterminer la capacité de stabilisation de la matière organique dans le sol (HASSINK et al., 1997).

La qualité du sol peut être divisée en deux catégories : dynamique et inhérente. Les attributs tels que la texture et la minéralogie sont innés au sol et sont déterminés par la durée d'exposition au climat, le matériau d'origine et le relief. Ces facteurs définissent la qualité du sol. Les activités anthropiques modifient les caractéristiques physiques, chimiques et biologiques du sol, définissant ainsi sa qualité dynamique (PEIXOTO, 2008). Il n'est pas facile de sélectionner un ensemble de propriétés qui remplissent toutes les conditions pour évaluer correctement un sol (LI et LINDSTROM, 2001).

2.3 Émissions de CO2 dans le sol

L'efflux de CO_2 du sol a commencé à être appelé " respiration du sol " dans les années 1920 par le chercheur suédois Henrik Lundegardh, responsable des premières mesures à l'aide d'une " chambre statique fermée " (KUTSCH et al., 2010). La respiration du sol correspond au CO_2 produit par la respiration des racines, des microorganismes du sol et la décomposition aérobie de l'O.M., et est un processus qui varie avec la végétation et le type de sol (DAVIDSON et al., 2002), le résultat de processus physiques, chimiques et biologiques influencés par l'humidité et la température du sol (EPRON et al., 2006 ; OHASHI AND GYOKUSEN, 2007), la température de l'air, l'humidité et le rayonnement photosynthétiquement actif (LLOYD AND TAYLOR, 1994 ; DAVIDSON et al., 1998). D'autres facteurs qui affectent la respiration du sol sont : l'activité bactérienne (LLOYD ET TAYLOR, 1994), la teneur en phosphore (DUAH-YENTUMI et al., 1998), le rapport C/N (ALLAIRE et al., 2012) et le pH (FUENTES et al., 2006).

Le carbone produit par la respiration des racines est appelé carbone "autotrophe", tandis que celui produit par la décomposition de la litière est appelé "hétérotrophe" (KUTSCH et al., 2010). La respiration "autotrophe" peut être divisée en respiration des racines des plantes, respiration des mycorhizes symbiotiques et du microbiote de la rhizosphère (KUTSCH et al., 2010). On estime que cette respiration "autotrophe" est responsable de 40 à 70 % de l'efflux total de CO_2 du sol vers l'atmosphère (HANSON et al., 2000 ; BOND-LAMBERTY et al., 2004 ; SUBKE et al., 2006).

Des mécanismes physiques influencent également l'efflux de carbone du sol. Rommel (1922) a observé que la diffusion, due au gradient de CO_2, est la force motrice qui conduit la masse d'air des couches du sol vers l'atmosphère. Albertensen (1977) a énuméré d'autres facteurs et aspects physiques qui influencent l'efflux de CO_2 à travers le sol, tels que : la température, qui induit des différences de densité et de diffusivité entre le sol et l'air atmosphérique ; les changements de pression barométrique ; le déplacement de l'air dans le sol dû à la percolation de l'eau (pluie, irrigation) ; les changements de hauteur de la nappe phréatique ; la dissolution et le transport de gaz provenant d'effluents liquides ; et les changements de pression induits par la vitesse du vent (KUTSCH et al., 2010).

Les informations sur l'influence de l'humidité et de la température sur l'activité du biote du sol, ainsi que sur le pH et la disponibilité des nutriments, sont connues depuis le milieu du dix-neuvième siècle (KUTSCH et al., 2010). Sotta (1998) a cité cinq facteurs qui peuvent contrôler la vitesse à laquelle le CO_2 est émis du sol dans l'atmosphère : son taux de production dans le sol, les gradients de température, la concentration à l'interface sol-atmosphère, les propriétés physiques et chimiques du sol et les fluctuations de la pression atmosphérique.

Les relations empiriques entre les flux de CO_2 et les variables environnementales montrent qu'en l'absence de facteurs limitants, tels que l'humidité du sol, le rapport limon/sable/argile, la densité et d'autres propriétés physiques du sol, l'émission de carbone augmente de manière exponentielle avec la température (RAICH & SCHLESINGER, 1992). Dans des conditions de température élevée, la respiration du sol est réduite en limitant l'activité microbienne, et la température affecte également la vitesse des réactions enzymatiques du microbiote du sol (KANG et al., 2003).

Parmi les facteurs physiques qui influencent les émissions, la diffusion est le principal (VAL BAVEL, 1951, 1952). Quelques études ont montré l'influence de la vitesse du vent sur les émissions, mais il y a un manque d'approfondissement et de systématisation sur le sujet (KUTSCH et al., 2010). Ainsi, les échanges de CO_2 dans les systèmes sol-végétation-atmosphère sont directement et indirectement associés aux événements météorologiques, ce qui suggère que les données météorologiques pourraient à elles seules expliquer une part importante de la variabilité temporelle des émissions de CO_2 des sols (LA SCALA et al., 2003).

Un certain nombre d'études et d'enquêtes ont été menées ces dernières années pour caractériser l'efflux de CO_2 à travers le sol dans les biomes les plus divers du globe. Cet effort vise à comprendre les processus qui influencent l'équilibre global du carbone et, par conséquent, le réchauffement de la planète.

Les mesures des émissions de CO_2 dans la province de Shannxi, en Chine, dans une zone située à 1353 mètres d'altitude, avec des précipitations annuelles de 504 mm et une température moyenne de 10,1 °C, ont montré des valeurs annuelles moyennes de 3,23 µmol CO_2 m s^{-2-1} , pour une forêt dominée par le chêne de Liaodong (*Quercus Iiaotungensis*), 2.29 µmol CO_2 m s^{-2-1} pour une forêt de platanes orientaux (*P. orientalis*), 2,35 µmol CO_2 m s^{-2-1} dans une plantation d'*acacias-bâtards* (*Rpseudoacacia*) et 2,03 µmol CO_2 m s^{-2-1} pour une zone déboisée (SHI et al, 2014).

Dans des conditions climatiques tempérées, dans une région de Slovaquie, les valeurs d'émission ont varié au cours des saisons, allant de 0,92 en hiver à 15,20 µmol CO_2 m s^{-2-1} en été pour les zones forestières, et de 0,96 à 12,92 µmol CO_2 m s^{-2-1} dans les zones couvertes d'herbe (PRIWITZER, 2013). D'autres écosystèmes forestiers tempérés ont également montré des valeurs d'émission plus faibles en hiver qu'en été, 0,64 µmol CO_2 m s^{-2-1} en hiver autrichien (SCHINDLBACHER et al., 2007) et 0,67µmol CO_2 m s^{-2-1} pendant la saison froide dans l'État de Washington, aux États-Unis (MCDOWELL et al., 2000).

Toujours dans un climat tempéré en Croatie, une étude des corrélations entre les variables météorologiques et les émissions de CO_2 a révélé une corrélation positive avec la température du sol (r^2 =0,42) et la température de l'air (r^2 =0,45) et une forte corrélation négative avec l'humidité de l'air (r^2 =-0,55) (BILANDZIJA et al., 2014).

Au Brésil, dans les forêts indigènes du biome amazonien, ils ont trouvé des valeurs moyennes d'émission de 6,4 µmol CO_2 m s^{-2-1} dans la ville de Manaus - AM, (SOTTA et al., 2004) et de 6,1 µmol CO_2 m s^{-2-1} dans la municipalité de Paragominas - PA, (TRUMBORE et al., 2006). Certains auteurs ont trouvé des valeurs plus faibles pour la région nord du pays, 3,2 µmol CO_2 m s^{-2-1} à Manaus (CHAMBERS et al., 2004) et 4,25 µmol CO_2 m s^{-2-1} à Juruena, État du Mato Grosso (NUNES, 2003).

Dans la forêt amazonienne, des relations significatives ($p<0,05$) ont été trouvées entre les émissions de CO_2 et l'humidité du sol, à Sinop-MT pendant la saison sèche (R^2 =0,76) et la saison des pluies (R^2 =0,78). À Caxiuana, une relation significative a également été trouvée entre les variables pendant la saison sèche (R^2 =0,82) et la saison des pluies (R^2 =0,82). La même chose s'est produite à Manaus-PA avec des valeurs significatives pour la saison sèche (R^2 =0,68) et la saison des pluies (R^2 =0,60) (DIAS, 2006).

La corrélation entre l'humidité du sol et les émissions de CO_2 du sol a déjà été démontrée par différents auteurs. Pour Dias (2006), en général, les flux de carbone dans l'atmosphère sont plus importants pendant la saison des pluies que pendant la saison sèche, l'humidité du sol et la température étant les principaux facteurs conditionnant la production de ce gaz par le sol.

Dans les forêts tropicales, plusieurs auteurs ont trouvé une corrélation linéaire positive significative entre la respiration du sol et la température du sol (EPRON et al., 2006 ; DIAS, 2006). En revanche, dans une zone cultivée en canne à sucre à l'intérieur de São Paulo, les émissions n'ont pas montré de corrélation significative avec la température du sol (BICALHO et al, 2014), ce qui peut s'expliquer par la faible variabilité de la variable pendant la période de collecte (DIAS, 2006).

Dans l'État de Sao Paulo, il n'existe malheureusement pas d'études sur la forêt atlantique, les relevés existants ont été obtenus dans des zones de culture de canne à sucre, et les valeurs moyennes mesurées sont : 1,5 µmol CO_2 m s^{-2-1} après la récolte mécanisée (BISCALHO et al., 2014). Brito et al. (2010) soulignent que les émissions de CO_2 dans la culture de la canne à sucre peuvent varier en fonction de la topographie et des types de gestion employés, comme l'ont précédemment observé

Panosso et al. (2009), qui ont mesuré des émissions de 2,16 µmol CO_2 m s^{-2-1} dans les zones où la récolte était mécanisée et de 5,29 µmol CO_2 m s^{-2-1} pour les zones où la récolte était manuelle, précédée d'un brûlage de la canne.

Dans une zone plantée de canne à sucre, il a trouvé des moyennes journalières comprises entre 1,26 et 1,77 µmol CO_2 m s^{-2-1} au cours du mois de juillet dans la ville de Guariba, à l'intérieur de Sao Paulo. Les coefficients de variation étaient compris entre 40 % et 90 %. Et une corrélation linéaire positive significative ($p<0,05$) avec la macroporosité ($r^2 =0,21$) et négative avec la microporosité ($r^2 =-0,18$) et la densité du sol ($r^2 =-0,32$) (BICALHO et al., 2014).

Des corrélations linéaires significatives entre les émissions de CO_2 et les attributs du sol tels que la macroporosité, la microporosité et la densité ont été citées par plusieurs auteurs (EPRON et al., 2006 ; PANOSSO et al., 2011 ; TEIXEIRA et al., 2013 ; BICALHO et al., 2014), suggérant l'importance de ces attributs en tant que régulateurs de l'activité microbienne et, par conséquent, des émissions de CO_2 dans le sol.

Les propriétés thermiques des sols ont également été mises en corrélation avec les émissions. Dans le cadre d'un suivi des émissions de CO_2 dans un pâturage de l'État du Missouri (États-Unis), une corrélation significative a été trouvée ($r^2 =0,62,\ p<0,0001$) entre la respiration du sol et la conductivité thermique (NKONGOLO et al., 2010).

3. CARACTÉRISATION DE LA ZONE D'ÉTUDE

On estime qu'à l'origine, 81,8 % de la superficie de l'État de São Paulo était couverte de forêts (20 450 000 ha). Les études sur l'évolution de la couverture forestière montrent qu'en 1990, il ne restait plus que 1 731 472 ha, soit 4,16 % du territoire de l'État. Sur ce total, 45,77% (792 448,57 ha) se trouvent dans des Unités de Conservation (UC) sous la responsabilité du Département de l'Environnement (SÃO PAULO, 1998).

La zone d'étude, la forêt d'État Edmundo Navarro de Andrade, est située dans la municipalité de Rio Claro et est une AP à utilisation durable, créée par le décret d'État 46.819, conformément à la loi 9.985/00, qui a établi le système national d'AP. La municipalité, située à 173 km au nord-ouest de la capitale de l'État de São Paulo, compte deux districts, Assistência et Ajapi (figure 4), une superficie totale de 499,9 km^2, et fait partie de l'agglomération urbaine de Piracicaba et du bassin du fleuve Corumbatai, auquel on accède par le système Anhanguera/Bandeirantes et l'autoroute Washington Luiz (SP 310).

La forêt, située à la limite orientale de la zone urbaine de Rio Claro, a été créée en 1909 et couvre une superficie de 2 230,5 hectares. Elle possède la plus grande variété d'espèces d'eucalyptus concentrée dans une seule zone au Brésil, ce qui en fait une référence en matière de culture, de recherche et de production forestières et la fait connaître internationalement comme le "berceau de l'eucalyptus" (IF, 2005).

Elle appartenait à l'origine à CPEF-Companhia. Paulista de Estradas de Ferro, et a été transféré à FEPASA-Ferrovia Paulista S.A. dans les années 1970, lorsque les chemins de fer ont été nationalisés. Depuis 1998, elle est administrée par SMASP-Secretaria de Meio Ambiente do Estado de São Paulo, FF-Fundaçao Florestal étant responsable de la gestion de l'unité (IF, 2005).

On estime qu'il existe encore plus de soixante espèces d'eucalyptus dans le FEENA, ainsi que des espèces hybrides spontanées et induites. Toute cette zone constitue une importante banque génétique, d'une valeur stratégique en cas d'introduction d'un nouveau ravageur ou d'une maladie inconnue de la sylviculture brésilienne. Edmundo Navarro de Andrade, le créateur du FEENA, a été très critiqué par les nationalistes qui ne croyaient pas que l'introduction de l'eucalyptus conduirait à une qualité de bois supérieure et à une croissance plus rapide que les espèces locales (IF, 2005).

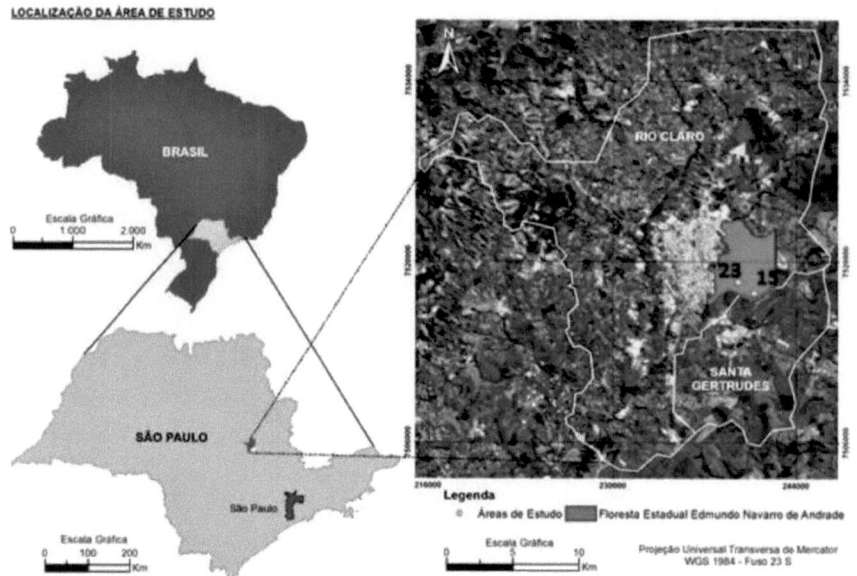

Figure 4 - Emplacement de FEENA et des parcelles (15 et 23) ou les enquêtes sur les emissions de CO2 ont été réalisées.

Afin de rendre compatibles la conservation de la base génétique de l'eucalyptus, la végétation indigène et l'utilisation publique, l'UC a été organisée spatialement en zones et en parcelles boisées, en fonction des différentes utilisations et des degrés de protection requis (IF, 2005). En recoupant les études de base avec les données du travail de terrain et d'autres informations disponibles, les forêts de FEENA ont été classées en zones appelées : historique-culturelle, récupération, gestion forestière, conflit, utilisation publique, utilisation spéciale, conservation. Chacune d'entre elles possède des règles d'utilisation différentes, déterminant les différentes fonctions, qu'elles soient sociales, administratives, écologiques, de gestion ou de protection, de chacun des espaces de FEENA.

La zone historico-culturelle contient des échantillons historiques, scientifiques, culturels et archéologiques qui doivent être préservés et interprétés pour le public. Son objectif est de protéger les sites historiques et archéologiques en harmonie avec l'environnement, de promouvoir la recherche scientifique, l'éducation à l'environnement et l'interprétation. Cette zone comprend les anciens taillis, qui marquent le début des plantations (IF, 2005).

La plus grande zone de l'unité est la zone de gestion forestière, qui comprend des forêts indigènes ou plantées ayant un potentiel économique pour une gestion multiple et durable des ressources. L'objectif est de générer des technologies et des modèles de gestion forestière, avec des activités de recherche, d'éducation à l'environnement et d'interprétation. L'objectif de la zone d'utilisation publique est la récréation intensive, les loisirs et l'éducation environnementale en harmonie avec l'environnement (IF, 2005).

Les zones dégradées sont appelées zones de récupération et, une fois récupérées, elles sont réintégrées dans l'une des autres zones permanentes. Leur objectif est de mettre fin à la dégradation des ressources et elles peuvent également inclure des activités de recherche, d'éducation à l'environnement et d'interprétation (IF, 2005). La zone à usage spécial comprend les zones nécessaires à l'administration, telles que le quartier général, les logements du personnel dans les colonies et le chenil de la police militaire (IF, 2005).

Les zones occupées par des aménagements d'utilité publique sont appelées zones d'utilisation, où l'on trouve des gazoducs, des oléoducs, des lignes de transmission, des antennes, des captages d'eau, des barrages, des routes, des câbles optiques et autres (IF, 2005).

Les zones faisant l'objet de cette étude, les parcelles 23 et 15 (figure 4), sont situées respectivement dans la zone historico-culturelle et dans la zone de gestion forestière. La parcelle 23 est correctement incluse dans la zone historico-culturelle car elle constitue un échantillon historique, scientifique et culturel de l'une des premières parcelles plantées d'espèces indigènes au Brésil. Talhao 15 est situé dans la zone de gestion forestière et son utilisation actuelle, sa récupération et la conservation de l'environnement sont conformes à ce qui est établi dans le plan, à savoir l'exploitation commerciale et l'utilisation multiple et durable des ressources forestières.

3.1 Caractérisation de l'environnement physique à FEENA

FEENA fait partie du bassin hydrographique du Corumbatai, dont les principaux affluents sont les rivières Passa Cinco, Cabeça et Ribeirao Claro. Les sources sont situées sur les escarpements de la ligne de crête basaltique Serra dos Padres, et ses eaux se jettent dans la rivière Piracicaba. Les masses d'eau de surface de l'UC sont constituées de petits ruisseaux, tels que les ruisseaux Ibitinga et Santo Antônio, et le ruisseau principal, le Ribeirao Claro, est utilisé pour collecter l'eau pour la municipalité (IF, 2005).

La zone dans laquelle se trouve le bassin de Ribeirao Claro se caractérise par la présence d'interfluves tabulaires, de terrasses étagées et de plaines, à des altitudes comprises entre 550 et 650 mètres (PENTEADO, 1968). L'aspect légèrement disséqué du bassin est dû aux cours d'eau qui creusent ses vallées, générant des pentes douces qui délimitent les interfluves subtabulaires qui dominent la région (PENTEADO, 1981).

La Ribeirao Claro traverse l'UC dans le sens nord-sud, établissant la limite entre FEENA et la zone urbaine de Rio Claro sur certains tronçons. Cette rivière coule dans une vallée ouverte au fond plat, où l'on trouve des plaines fluviales bien développées et des méandres abandonnés, formant des

17

dépôts alluviaux de sable et d'argile (IF, 2005).

La forêt est située dans le compartiment du relief de l'État appelé la dépression périphérique de Paulista, une unité géomorphologique dont l'origine est liée à l'établissement d'une zone de faiblesse structurelle au contact entre les lithologies sédimentaires liées au bassin sédimentaire du Paranà et les lithologies précambriennes associées au plateau atlantique (IF, 2005).

D'un point de vue géologique, les deux zones sélectionnées pour les études de terrain reposent sur des roches intrusives basales associées à la province magmatique du Paranà (PMP), considérée comme l'une des plus grandes manifestations volcaniques de nature basale dans la zone continentale de la Terre, impliquant les États brésiliens du Rio Grande do Sul, du Paranà, de Santa Catarina, de Sao Paulo, du sud-ouest de Minas Gerais et du sud-est de Mato Grosso do Sul. Les basaltes se présentent sous la forme d'effusions et de roches intrusives (sills et dykes) (MACHADO et al., 2007).

Les sols des zones étudiées sont appelés Argisols rouges en raison de la couleur donnée par les niveaux élevés et la nature des oxydes de fer présents dans le matériau d'origine. Leur fertilité naturelle dépend du matériau d'origine. Comme il est classé comme eutrophique, c'est un sol de bonne fertilité. La teneur en argile dans l'horizon de subsurface (de couleur rouge) est beaucoup plus élevée que dans l'horizon de surface, et cette augmentation de l'argile est facilement perceptible lors de l'examen de la texture sur le terrain (EMBRAPA, 2006).

Étant donné qu'ils sont classés comme typiques, au quatrième niveau de la classification trophique, les sols des zones étudiées ne présentent pas de caractéristiques restrictives susceptibles de limiter les activités agricoles, comme les sols abrupts, où la différence de texture entre les horizons de surface rend le sol sensible à l'érosion, ou les sols saprolitiques qui limitent la pénétration des racines dans la surface (EMBRAPA, 2006). La végétation indigène du site est la forêt saisonnière semi-décidue, qui couvre des sols basaltiques eutrophiques bien drainés à l'intérieur de l'État de São Paulo (RODRIGUES, 1999).

La zone d'étude fait partie du biome de la forêt tropicale atlantique et est dominée par des forêts saisonnières, également connues sous le nom de forêts mésophytiques. Contrairement aux forêts ombrophiles (humides et à feuilles persistantes), les forêts saisonnières sont régies par une saisonnalité climatique marquée, le pourcentage d'arbres à feuilles caduques atteignant 50 %. À Rio Claro, les forêts saisonnières sont souvent entrecoupées de formations de Cerrado, un domaine qui, dans cette région, est déterminé par des sols sablonneux à faible capacité de rétention d'eau (IF, 2005).

Le climat de la zone FEENA est classé dans la catégorie Cwa de Koppen : *mésothermique* (avec une température moyenne du mois le plus froid comprise entre -3 °C et 18 °C) et *tropical d'altitude* (avec un hiver sec et une température moyenne du mois le plus chaud supérieure à 22 °C). La température moyenne annuelle est de 20,6 °C (figure 8) et on peut distinguer la période la plus chaude (septembre à avril), où la moyenne est supérieure à 22 °C entre décembre et mars, atteignant 23 °C en février, et la période la moins chaude (mai à août), avec des températures inférieures à 19 °C, juin et juillet étant les mois les plus froids (17,1 °C) (IF, 2005).

Les précipitations annuelles sont de 1 534 mm, avec deux saisons distinctes : une période pluvieuse d'octobre à mars, où les précipitations atteignent 1 188 mm (77% du total) ; et une période plus sèche d'avril à septembre, avec une moyenne de 346 mm (23% du total). On distingue également les mois les plus humides (décembre, janvier et février) : 248, 252 et 210 mm respectivement ; et les mois les moins pluvieux (juin, juillet et août), 48, 34 et 34 mm respectivement (IF, 2005) (figure 5).

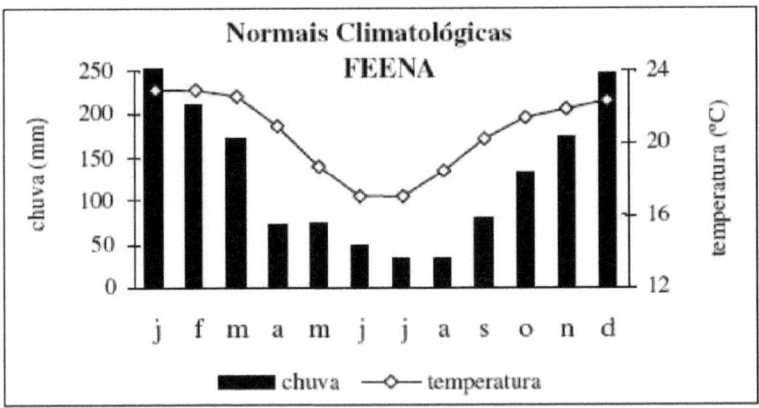

FIGURE 5 : NORMALES CLIMATOLOGIQUES POUR LES PRECIPITATIONS ET LES MESURES DE PRECIPITATIONS DE 1954 à 1997.

SOURCE : IF (2005).

le régime des précipitations est influencé par les masses tropicales de l'Atlantique et les masses équatoriales continentales, qui apportent de l'humidité sur le continent. Les températures élevées provoquent l'ascension de l'air chaud et humide, ce qui entraîne des précipitations. Le relief des cuestas provoque des pluies orographiques, qui contribuent également aux fortes précipitations. En hiver, les basses températures sont influencées par la masse polaire atlantique (MONTEIRO, 1967).

Selon le bilan hydrique climatologique (THORNTHWAITE ET MATHER, 1955) (figure 6), le déficit hydrique annuel n'est que de 7 mm, concentré en juillet et août. Le surplus annuel d'eau est de 572 mm, concentré entre octobre et mars. Les autres mois, l'excédent est nul ou presque (IF, 2005).

19

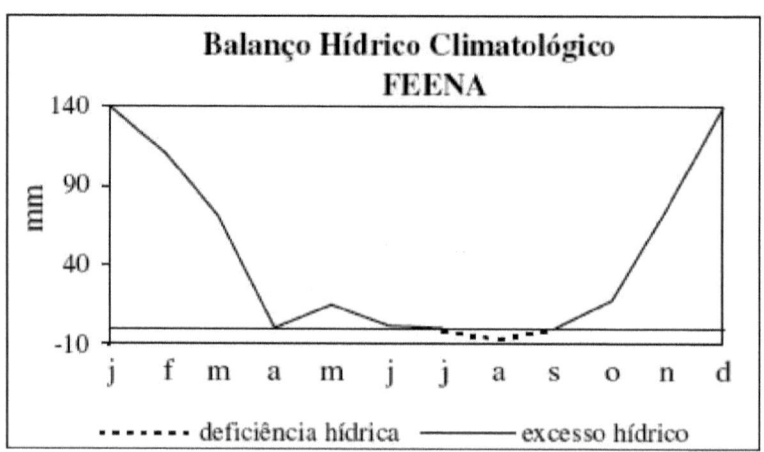

FIGURE 6 - REPRESENTATION GRAPHIQUE DU BILAN HYDRIQUE ET DE LA CLIMATOLOGIE DE 1954 A 1997.

SOURCE : IF (2008).

4. MATÉRIAUX ET MÉTHODES

4.1 Sélection de la zone et conception de l'expérience

Afin d'évaluer et de caractériser les différences entre les émissions de carbone du sol dans les zones déjà restaurées et en cours de restauration dans le domaine morphoclimatique de la forêt atlantique, nous avons sélectionné une zone nouvellement plantée, la parcelle 15, plantée en 2014, et une zone presque centenaire.

La parcelle 23 (figure 7) a été plantée par Navarro de Andrade en 1916 dans le but de comparer la croissance de ces arbres avec celle de l'eucalyptus et de démontrer que l'espèce australienne poussait plus vite et avait une qualité de bois supérieure pour la production de charbon de bois, de bois de chauffage et de traverses. Des semis de 70 espèces de 25 familles différentes, dont beaucoup présentent un intérêt commercial, ont été plantés dans cette parcelle, espacés de 2 m par 2 m sur une superficie de 1,1 hectare. L'idée initiale de son créateur, à savoir comparer la croissance des arbres indigènes avec celle de l'eucalyptus, a été confirmée et il a été observé que l'espèce exotique était la plus appropriée pour une plantation à grande échelle par la Companhia Paulista de Estradas de Ferro (IF, 2005).

FIGURE 7. VUE PARTIELLE DE LA COUPE 23 DE LA ROUTE D'ACCÈS.

Comme la quasi-totalité de FEENA a été reboisée avec des eucalyptus ou d'autres espèces exotiques, il existe des zones de végétation indigène résultant de processus de gestion forestière restreints ou inexistants (collections historiques et parcelles présentant un intérêt pour l'amélioration génétique), ou de l'absence d'occupation de zones anciennement boisées (parcelles abandonnées). Dans ces cas, la *végétation indigène* peut être présente, soit par la formation d'un sous-étage dans les parcelles plus anciennes, soit par la régénération, l'infestation ou la pluie de graines provenant de zones forestières voisines (iF, 2005).

21

En 2014, la parcelle 15 (figure 8) a été replantée avec plus de 80 espèces différentes, conformément à la résolution SMA 8 du 31 janvier 2008, qui définit les lignes directrices pour le reboisement hétérogène des zones dégradées, et la plantation a été suivie par le CETEsB, étant donné qu'il s'agit d'une compensation environnementale.

FIGURE 8. DÉTAIL DE LA PARCELLE EXPÉRIMENTALE INSTALLÉE SUR LA PARCELLE 15.

Depuis le début du siècle, le terrain de la parcelle 15, qui fait partie de la zone de gestion forestière, est occupé par des plantations d'eucalyptus. Après la dernière coupe, il y a environ 10 ans, le site a été abandonné et est depuis occupé par des espèces de graminées telles que l'herbe à colonie.

Récemment incluse dans un accord de récupération environnementale et replantée, sa destination est en conflit avec le plan de gestion. Elle est plus proche d'une zone cultivée en canne à sucre que d'une forêt, en raison des tontes de gazon récemment desséchées sur le sol et de l'historique de la circulation des machines lors de la récolte des différents cycles d'eucalyptus.

Afin d'évaluer les émissions de CO_2 du sol dans ces deux zones, des parcelles d'échantillonnage de 900 m ont été installées[2]. Dans ces parcelles, 17 points de collecte ont été installés, répartis comme le montre la figure 9. La distance entre les points a été fixée à 10 mètres (douze points), tandis que dans la partie centrale, la distance entre les points était de 5 mètres.

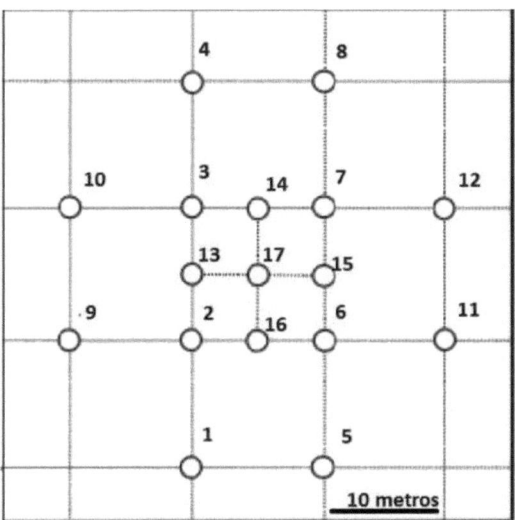

FIGURE 9. DISTRIBUTION DES POINTS D'ECHANTILLONNAGE.

Afin de fixer le matériel avec lequel les mesures ont été effectuées, un anneau en PVC de 10 à 15 cm de haut a été fixé au sol à chacun des points (figure 10) 48 heures avant la prise de mesures, restant en place pendant toute la période de collecte afin de minimiser les changements dans la structure de la litière et la surface du sol.

Les mesures ont été effectuées entre les mois de septembre 2014 et mai 2015, entre 8h et 17h, afin de profiter du moment de la journée où l'ensoleillement est le plus important, augmentant ainsi la sécurité du travail et des personnes impliquées. Cinq mesures de débit ont été effectuées à chaque point, ainsi que la collecte de données sur les variables environnementales : pression atmosphérique, température et humidité. Les propriétés physiques du sol ont été mesurées une fois à chaque point, en même temps que les données de débit étaient collectées. Les variables mesurées sont l'humidité, la température et le coefficient de résistivité thermique du sol. Le sol utilisé pour déterminer le rapport C/N a été prélevé en septembre 2014.

23

FIGURE 10. ANNEAU DE COLLECTE INSTALLÉ DANS LA PARCELLE 15, CAMÉRA FIXÉE À L'ANNEAU DANS LA PARCELLE 23.

4.2 Mesures du débit de CO_2

Les mesures de flux de CO_2 ont été réalisées à l'aide d'un équipement développé par Moreno (2012) à l'UNESP-Rio Claro, composé d'un analyseur de gaz à infrarouge (iRGA), modèle Li-840, marque Li-Cor, couplé à une chambre dynamique à l'aide d'une pompe de circulation (Figures 11 et 12).

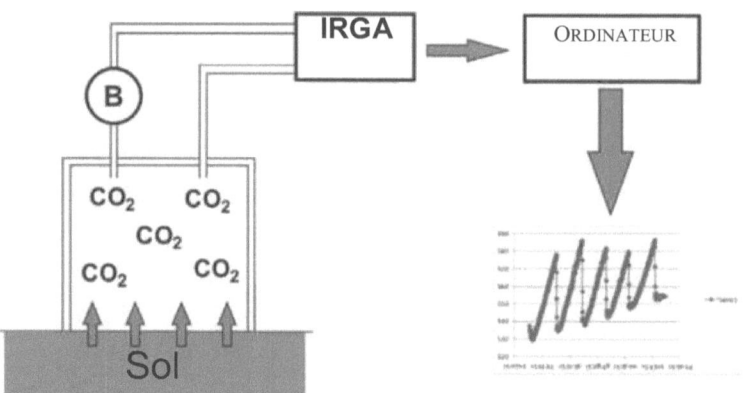

FIGURE 11. CHAMBRE DYNAMIQUE AVEC UN ANALYSEUR DE GAZ A INFRAROUGE (IRGA) ET une pompe (B) pour forcer le gaz à circuler à travers l'IRGA. SOURCE : MODIFIÉ D'APRÈS MORENO (2012).

Avantageusement, ce système représente une alternative aux différents systèmes commerciaux disponibles à cet effet. Ces avantages comprennent : les faibles coûts totaux et de maintenance du système, la possibilité de contrôle automatique ou à distance via internet, la possibilité de changer le détecteur pour des mesures d'autres gaz et la mesure simultanée d'autres paramètres tels que l'humidité, la température, la pression et la vitesse de l'air sur le site d'échantillonnage (MORENO, 2012).

Le flux dû à la respiration du sol est calculé comme le taux de variation de la concentration de CO_2 dans le volume de la chambre par unité de temps, selon l'équation (5) ci-dessous :

$$Rs=(Cn-Cn1)/\Delta t*(V/A)*(P/RT), \qquad (5)$$

Où : Rs=Flux de CO_2 référent (μmol m^{-2} s^{-1}), Cn=Concentration de CO_2 (ppm), P=Pression de l'air (Pa), T=Température de l'air (K), R=Constante spécifique des gaz (8,314 J mol^{-1} K^{-1}), V=Volume de la chambre (m^3), A=Surface de couverture horizontale de la chambre (m)$.^2$

La spectroscopie infrarouge, méthode analytique utilisée par l'équipement pour déterminer les concentrations de CO_2, utilise l'absorption de radiations pour mesurer la concentration de composés chimiques et est généralement utilisée pour déterminer les concentrations de composés constitués d'hydrogène, de carbone ou d'oxygène et d'azote (MORENO, 2012).

L'analyseur de gaz à infrarouge (IRGAS) (figure 13) se compose d'un émetteur infrarouge, d'une cellule de mesure (appelée trajet optique), d'un filtre optique et d'un détecteur. Le signal infrarouge provenant de la source traverse la cellule de mesure où se trouve l'échantillon de gaz à analyser.

Avant d'atteindre l'échantillon, la lumière passe par un monochromateur (qui peut être un prisme, un réseau de dispersion ou un filtre), qui transforme la lumière polychromatique en lumière monochromatique (ROMANO, 2006, apud MORENO, 2012).

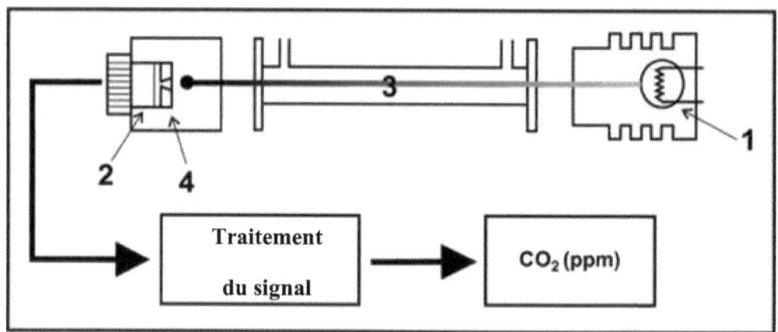

FIGURE 13. COMPOSITION DE BASE DE L'IRGA. 1. SOURCE INFRAROUGE, 2. DOUBLE DÉTECTEUR, 3.

CELLULE D'ÉCHANTILLONNAGE (CHEMIN OPTIQUE), 4. FILTRE. SOURCE : MORENO (2012).

Lorsque l'échantillon d'air traverse l'analyseur, en l'occurrence le Li-840, il est irradié par un faisceau lumineux d'intensité connue (P0). Les photons irradiés entrent en contact avec les molécules de l'échantillon et, lorsque celles-ci ont une énergie vibratoire incompatible avec l'énergie des photons, aucune énergie n'est absorbée et tous les photons traversent l'échantillon. Dans ce cas, le faisceau irradié sortant de l'échantillon aura la même intensité que le faisceau incident P0 = P. De même, si l'énergie des photons de la lumière irradiée est compatible avec l'énergie vibratoire des molécules, celles-ci absorberont les photons en augmentant leur mouvement vibratoire et, par conséquent, l'intensité du faisceau incident sera réduite. L'intensité du faisceau de photons quittant l'échantillon sera inférieure à l'intensité incidente initiale (P0 > P) (HARRIS, 1999 apud MoRENo, 2012).

Avant d'effectuer les relevés sur le terrain, l'équipement a été étalonné au département de physique de l'UNESP Rio Claro. Pour ce faire, deux mélanges de gaz de concentrations connues ont été utilisés et les polynômes d'étalonnage disponibles dans le logiciel de l'appareil ont été appliqués. Les étalonnages ont été effectués avec un mélange contenant uniquement de l'azote pur, donc 0 ppm de CO_2 (0% CO_2), et un autre avec une concentration de 335 ppm de CO_2 (0,035% CO_2).

Le logiciel d'acquisition utilisé pour enregistrer les données recueillies par le Li-840 est également utilisé pour calibrer l'analyseur. Il est donc possible de calibrer et d'enregistrer le niveau sans concentration de CO_2 (*Zéro CO_2*), et le niveau *Span CO_2* où la concentration connue est enregistrée. De cette façon, deux points avec une concentration connue sont nécessaires pour l'étalonnage.

Chaque courbe d'acquisition de données représentée dans le graphique (figure 14) fournit des informations sur la concentration de CO_2 en fonction du temps, en utilisant ces informations et l'équation (5) pour calculer une mesure d'émission de CO_2. Jusqu'à cinq mesures ont été effectuées à chaque point, et chacune des courbes représentées dans la figure 14 a été obtenue en fermant la chambre de l'équipement et en accumulant du CO_2 à l'intérieur. Lors de l'ouverture de la chambre, toutes les 2 minutes en moyenne, on observe une diminution brutale des concentrations à l'intérieur de la chambre.

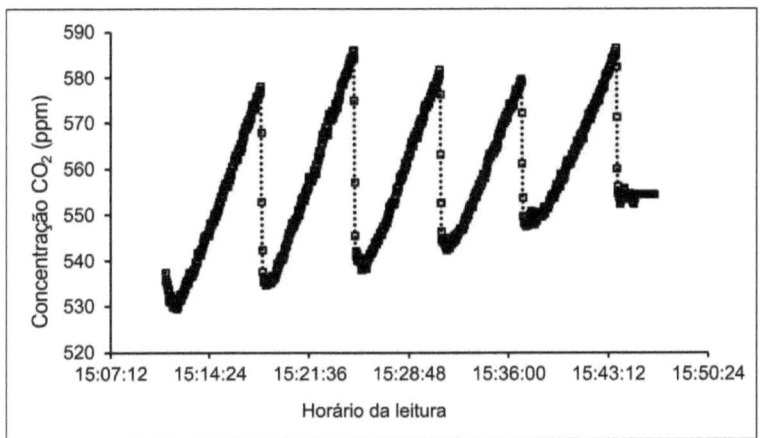

FIGURE 14 : MESURES DE L'ACCUMULATION DE CO2 AU POINT 17 DE LA PARCELLE 15.

4.3 Humidité du sol

Pour mesurer l'humidité du sol sur le terrain, nous avons utilisé un appareil appelé " *Speed moiusture tester* " (Figure 15) qui, selon Garzella (2011), donne des résultats satisfaisants pour déterminer l'humidité de différents types de sol. Cet équipement était initialement utilisé pour la détermination rapide de matériaux d'origines diverses, tels que les graines, les fibres et le charbon, sur la base de la réaction de l'eau avec le carbure.

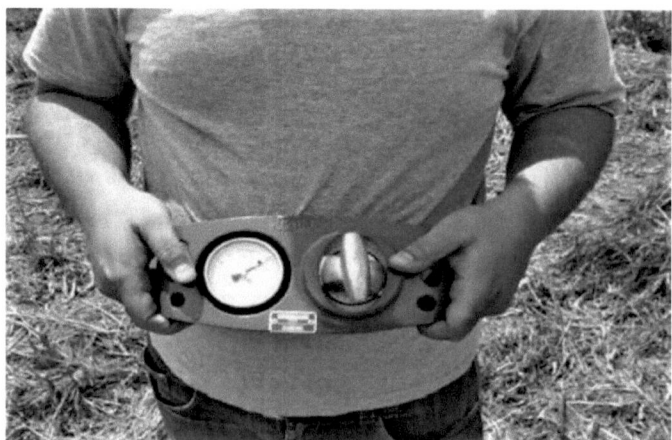

Le principe chimique du compteur de type *Speed* découle du processus de formation et de quantification de l'acétylène à partir de la réaction de l'eau avec le carbure de calcium, également connu sous le nom de méthode du carbure de calcium. Le principe de la mesure consiste à mélanger du carbure de calcium avec le matériau à analyser à l'intérieur d'un cylindre, et le gaz acétylène se forme par réaction avec l'eau présente dans le sol. Dans ce processus, l'eau contenue dans le matériau à analyser favorise l'hydrolyse du carbure, ce qui fait que deux atomes d'hydrogène remplacent le calcium dans sa structure, donnant naissance à l'acétylène, selon la réaction chimique ci-dessous (GARZELLA, 2011) :

$$2\ H_2O + CaC_2 \rightarrow Ca(OH)_2 + C_2H_2\ (\uparrow) + \text{\small énergie (6)}$$

Cela établit une relation stœchiométrique entre la quantité d'eau utilisée comme réactif et la quantité d'acétylène obtenue comme produit. Sur la base de cette relation, où chaque mole d'acétylène correspond à deux moles d'eau, il est possible de déterminer la teneur en eau d'un échantillon en quantifiant l'acétylène formé. Comme il s'agit d'un gaz à température ambiante, sa quantification s'effectue en mesurant la pression qu'il exerce sur l'intérieur de la bouteille, à l'aide d'un manomètre (GARZELLA, 2011).

Lors des relevés, il est souvent difficile d'obtenir la teneur en eau correcte, en raison de problèmes de lecture de la pression ou du manque fréquent de correspondance dans le tableau de conversion de la pression et de l'humidité (GARZELLA, 2011).

Dans un premier temps, il a été nécessaire de calibrer les relevés de l'appareil, ce qui a été fait en avril 2014, afin d'optimiser la manipulation de l'équipement et d'obtenir une plus grande précision dans la détermination de l'humidité du sol, ce qui permet de corréler correctement l'humidité avec les autres paramètres mesurés dans le cadre du projet.

Pour réaliser l'étalonnage, un kilo de sol a été prélevé dans la couche 0-10 cm de la parcelle 23, fragmenté et placé sur un plateau, exposé à l'air afin qu'il perde son humidité naturelle. Cinq aliquotes de 150 grammes ont ensuite été séparées et placées dans des sacs en plastique, auxquels différentes quantités d'eau ont été ajoutées afin d'obtenir différentes humidités. Ces aliquotes ont été conservées dans des boîtes en polystyrène pendant 3 jours afin de les homogénéiser.

Après homogénéisation de toutes les aliquotes de sol, trois échantillons de chaque traitement ont été placés dans un creuset, préalablement pesé, et le poids humide a été mesuré, les creusets ont été placés dans une étuve à 100 C pendant 24 heures, puis ils ont été pesés à nouveau, et la différence entre le poids humide et le poids sec a permis de calculer l'humidité gravimétrique du sol.

4.4 Température du sol et conductivité thermique

La température et la conductivité thermique du sol ont été mesurées à l'aide d'un système d'acquisition de données KD 2Pro (*Decagon*, USA), couplé à une sonde KS-1 (une aiguille contenant un élément chauffant et un thermocouple), avec une précision de $\pm$ 5 % pour les valeurs de conductivité thermique comprises entre 0,2 et 2,0 Wm K^{-1-1} et $\pm$ 1 % pour les valeurs comprises entre 0,02 et 0,2 Wm K^{-1-1} . Les données de température et de conductivité thermique ont été collectées à 5 centimètres du point de collecte en insérant la sonde KS-1 dans le sol pendant l'acquisition des données d'efflux de CO_2 (Figure 16). Bien que la sonde KS-1 ne soit pas adaptée à un sol humide, elle a été utilisée parce qu'il s'agissait de l'équipement disponible pour mesurer ce paramètre.

Figura 16. KD2 - EQUIPEMENT PRO COUPLE AU CAPTEUR ÎHÎ COLLECTANT DES DONNÉES DANS LA PARCELLE 15.

4.5 Paramètres climatiques

Les paramètres climatiques, la température, l'humidité de l'air et la pression atmosphérique, ont été mesurés sur le terrain à l'aide d'une station météorologique ANOVA, qui fait partie du modèle DRIA-0511, placée sur le sol à côté de la chambre, avec un enregistrement continu de ces paramètres pendant les mesures du flux de CO_2. Les mesures ont été enregistrées sur une feuille de calcul sur le terrain, puis corrélées avec les émissions de CO_2.

4.6 Détermination de la teneur en carbone et en azote du sol

Des échantillons de sol ont été prélevés dans les parcelles 15 (17 points) et 23 (10 points) pour déterminer la quantité de carbone et d'azote. Le matériau a été enlevé à l'aide d'un canif, en éliminant la litière de feuilles, et la couche superficielle (0-5 cm) a été collectée. Le matériau a ensuite été séché dans une étuve à 40°C, fragmenté manuellement à l'aide d'un rouleau en bois et passé à travers un tamis à mailles fines (2 mm) pour obtenir la terre fine séchée à l'air (TFsA).

Les échantillons de CELI ont été macérés et passés au travers d'un tamis de maille ≤ 100. Cinq grammes de sol de chaque point ont ensuite été séparés, ensachés et identifiés pour les analyses. L'azote a été obtenu par la méthode Kjeldahl (1883) et le carbone par la méthode Yeomans et Bremner (1988).

30

4.7 Traitement des données

L'analyse de régression multiple a été utilisée pour évaluer la corrélation entre les paramètres mesurés sur le terrain (variables indépendantes) et les émissions de CO_2 (variable dépendante), une technique statistique multivariée largement utilisée dans les études environnementales pour évaluer le pouvoir prédictif des variables indépendantes sur les variables dépendantes (HAIR JR. et al, 2005).

Le modèle générique de régression multiple est donné par l'expression ci-dessous, lorsqu'il est appliqué à un échantillon de taille n (HAIR JR. et al, 2005) :

$$Y_i = \beta_0 + \beta_1 X_{1i} + \beta_2 X_{1i} \dots + \beta_p X_{pi} + \varepsilon_i, \quad i=1,2,..,n \quad (7)$$

Où ?

Yi = variable dépendante ou expliquée i=1, 2...n.

β_0 = intercept ou terme de la variable indépendante

β_i = inclinaison de Y par rapport à la variable Xi, en maintenant $x_2, x_3,...x_p$ constants

β_p = pente de Y par rapport à la variable Xp, en maintenant $x_i, x_2,...x_{p-1}$ constants

ε_i = erreur aléatoire dans Y, pour l'observation i, i=1,2,..........n.

La condition pour une régression multiple est que $\varepsilon_i \sim N(0, \sigma^2)$, c'est-à-dire que les erreurs doivent avoir une distribution gaussienne, être indépendantes avec une moyenne nulle et une variance constante.

Certaines hypothèses statistiques ne peuvent être violées lorsque des modèles sont développés à l'aide de la régression linéaire multiple, et sont nécessaires pour une estimation correcte. La modélisation doit répondre au moins aux hypothèses suivantes : linéarité, homoscédasticité et hétéroscédasticité, indépendance des résidus, normalité, *valeurs aberrantes,* colinéarité et multicollinéarité (HAIR Jr, et al., 2005).

Pour étudier l'existence d'une violation des hypothèses statistiques de la régression linéaire multiple, la méthode la plus simple et la plus courante consiste à analyser un graphique résiduel (HAIR Jr. et al., 2009). Les données environnementales, telles que celles collectées dans le cadre de ce projet, comportent souvent des valeurs censurées, manquantes et/ou discordantes (*valeurs aberrantes*), peuvent ne pas avoir une distribution normale ou log-normale, et la relation entre les valeurs mesurées et estimées pour la variable dépendante peut présenter des erreurs importantes, connues sous le nom d'hétéroscédasticité, qui peuvent compromettre la prédiction de la variable dépendante (HAIR Jr. et al., 2005). Lorsque certaines des hypothèses statistiques sont violées, des mesures correctives doivent être prises, auquel cas les méthodes statistiques robustes peuvent être les plus appropriées pour corriger les violations de la relation générale (SABINO, et al., 2014).

Un minimum d'attention doit être porté au nombre de variables indépendantes et au nombre d'échantillons de la relation générale, l'ajout d'une variable augmente toujours la valeur du coefficient de la relation, lorsque le nombre d'échantillons est faible, cet effet est appelé overfitting, cet impact est minimisé lorsque l'échantillon a un minimum de 10 à 15 observations par variable indépendante (HAIR Jr., et al., 2009).

5. RÉSULTATS

Les résultats obtenus au cours du projet seront présentés dans ce chapitre, couvrant les activités de laboratoire (étalonnage de l'équipement), les activités de terrain (enquêtes sur les émissions de CO_2) et le traitement statistique des données de terrain.

5.1 Étalonnage de l'humidimètre

Les humidités calculées pour les échantillons de sol préparés par la méthode gravimétrique et la méthode des *vitesses* sont présentées dans le tableau 1 ci-dessous, ainsi que le graphique montrant la corrélation entre ces déterminations (figure 17).

TABLEAU 1 : HUMIDITÉS MESURÉES DANS LES ÉCHANTILLONS PRÉPARÉS DANS L'APPAREIL "SPEED" ET GRAVIMÉTRIQUE DES ÉCHANTILLONS.

Échantillon	Humidité "Speed	Humidité gravimétrique
1	4,00	4,81
3	7,50	8,22
2	11,50	13,73
4	15,80	20,91
5	19,80	31,90

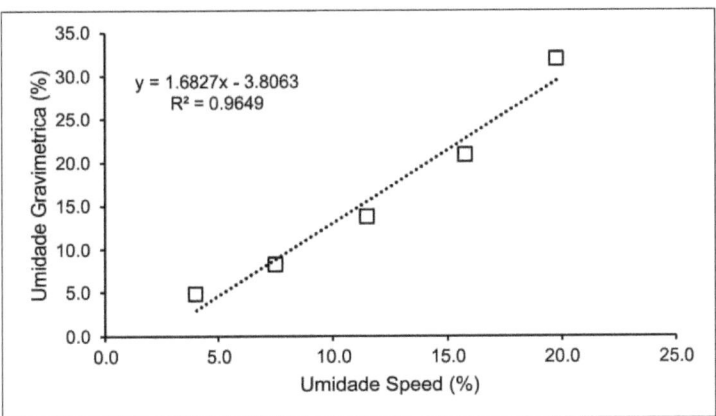

Figura 17. CORRELATION ENTRE L'HUMIDITE MESUREE DANS UN FOUR ET PAR L'APPAREIL "*SPEED*".

L'équation de corrélation (équation 8) obtenue a permis de corriger les mesures d'humidité effectuées sur le terrain, qui ont été utilisées dans cette étude.

Y=1,68X - 3,806 (8)

où,

Y= humidité de la *vitesse* et X = humidité de la gravité

5.2 Taux d'émission de co2 et paramètres de terrain

Les données relatives aux mesures de flux de co2 effectuées sont présentées dans les tableaux 2 et 3, qui contiennent les émissions de co2 enregistrées, la date et l'heure de l'enregistrement, la température de l'air, l'humidité de l'air, la pression atmosphérique, l'humidité du sol, la température du sol, la conductivité thermique et le rapport C/N. Le tableau 4 présente les statistiques de base des paramètres évalués pour les parcelles 15 et 23. Le tableau 4 présente les statistiques de base des paramètres évalués pour les parcelles 15 et 23. 120 mesures d'émissions de CO2 du sol ont été effectuées, 71 sur la parcelle 15 et 49 sur la parcelle 23.

Pour le traitement statistique de l'ensemble des données collectées, il aurait été nécessaire d'avoir le même nombre de données pour les deux zones, ce qui n'a pas été possible. Pour contourner ce problème de distribution des échantillons, seuls 49 échantillons ont été sélectionnés dans la parcelle 15, en utilisant le critère suivant : à partir de la moyenne des émissions de Co2 à chaque point, seuls ceux dont l'écart par rapport à la valeur moyenne est le plus faible ont été sélectionnés.

TABLEAU 2 : ÉMISSIONS DE CO_2 , PARAMETRES ATMOSPHERIQUES MOYENS ET PARAMETRES PHYSICO-CHIMIQUES DU SOL DE LA PARCELLE 23.

Point	Date	Calendrier	Émissions (µmol CO2 m^ s^{21} ·)	Umi. Air (° 0)	Temp. de l'air Air (° C)	P Atm (IrPa)	Humide. Sol (° 0)	Température du sol Sol (° C)	Condition thermique (Wm-1 K')1	C/N
1	7/10/2014	8:25	1.08	54	23.7	940.2	26.0	18.31	0.63	10.14
13*	10/7/2014	9:26	1.99	46	24.8	940.6	40.9	19.76	1.06	10.63
13	10/7/2014	9:33	2.29	41	24.8	940.8	40.9	19.76	1.06	10.63
13	10/7/2014	9:39	2.23	41	27.3	940.8	40.9	19.76	1.06	10.63
13	10/7/2014	9:45	2.01	29	33.3	940.8	40.9	19.76	1.06	10.63
13*	10/7/2014	9:53	2.59	33	33.3	940.8	40.9	19.76	1.06	10.63
3*	10/7/2014	10:11	1.99	30	30	940.6	37.7	19.41	0.97	10.27
3	10/7/2014	10:18	2.10	33	30.2	940.8	37.7	19.41	0.97	10.27
3	10/7/2014	10:25	2.17	35	28.5	940.5	37.7	19.41	0.97	10.27
3*	10/7/2014	10:32	1.92	35	28.5	940.5	37.7	19.41	0.97	10.27
3	10/7/2014	10:38	2.28	35	29.7	940.5	37.7	19.41	0.97	10.27
4*	10/7/2014	10:53	1.58	24	32.2	940.3	22.8	21.82	1.07	11.94
4	10/7/2014	10:59	1.79	24	35.8	940.1	22.8	21.82	1.07	11.94
4	10/7/2014	11:07	1.84	22	37.2	939.7	22.8	21.82	1.07	11.94
4	10/7/2014	11:14	1.93	24	35.5	939.7	22.8	21.82	1.07	11.94
4*	10/7/2014	11:21	1.98	29	31.3	939.6	22.8	21.82	1.07	11.94
5*	10/8/2014	14:32	1.39	32	37.8	940.6	21.6	33.02	0.41	12.63

34

Point	Date	Calendrier	Émissions (μmol CO2 nr² s^1 ·)	Umi. Air (%0)	Temp. de l'air Air (°C)	P Atm (IiPa)	Humide. Sol (° 0)	Température du sol Sol (°C)	Cond. Tèrni (Wnr[1] K')[1]	C/N
5	10/8/2014	14:04	2.01	15	43.4	940.8	21.6	33.02	0.41	12.63
5	10/8/2014	14:48	2.06	12	46.2	940.5	21.6	33.02	0.41	12.63
5	10/8/2014	14:56	1.96	15	48.3	940.5	21.6	33.02	0.41	12.63
5*	10/8/2014	15:03	2.04	13	50.2	940.5	21.6	33.02	0.41	12.63
7	10/8/2014	16:04	1.61	13	36.3	934.6	31.9	23.45	0.92	8.57
7	10/8/2014	16:13	1.53	13	36.6	933.8	31.9	23.45	0.92	8.57
7	10/8/2014	16:02	1.33	13	36.6	934	31.9	23.45	0.92	8.57

Point	Date	Calendrier	Émissions (μmol CO2 nr² s^1 ·)	Umi. Air (°0)	Temp. de l'air Air (°C)	P Atm (IiPa)	Humide. Sol (° 0)	Température du sol Sol (°C)	Cond. Tèrni (Wnr[1] K')[1]	C/N
8*	10/8/2014	16:45	E53	19	33.8	934	40.9	23.49	0.96	10.01
8*	10/8/2014	16:51	E87	21	32	934.2	40.9	23.49	0.96	10.01
8	10/8/2014	16:57	1.71	21	32	934.2	40.9	23.49	0.96	10.01
8	10/8/2014	17:04	1.71	23	31.1	934.2	40.9	23.49	0.96	10.01
8	10/8/2014	17:11	1.77	26	30.8	934.2	40.9	23.49	0.96	10.01
14*	10/9/2014	13:58	0.80	15	48.5	932.4	44.2	25.735	0.96	10.63
14*	10/9/2014	14:05	1.03	12	46.3	932.4	45.2	25.735	0.96	10.63
14	10/9/2014	14:12	0.96	13	45.3	932.4	46.2	25.735	0.96	10.63
14	10/9/2014	14:18	0.89	13	45.4	932.4	47.2	25.735	0.96	10.63
14	10/9/2014	14:25	1.01	12	46.9	932.2	48.2	25.735	0.96	10.63
15*	10/9/2014	14:38	1.50	13	45.9	932.1	27.5	35.295	0.86	13.63
15*	10/9/2014	14:44	1.69	12	46.5	931.9	28.5	35.295	0.86	13.63
15	10/9/2014	14:51	1.61	11	47.5	931.5	29.5	35.295	0.86	13.63
15	10/9/2014	14:57	1.68	12	46.9	931.9	30.5	35.295	0.86	13.63
15	10/9/2014	15:06	1.57	12	46.2	931.9	31.5	35.295	0.86	13.63
17	10/9/2014	15:13	1.15	14	44.3	931.9	33.2	29.14	0.73	10.63
17*	10/9/2014	15:02	1.52	12	46.2	931.9	34.2	29.14	0.73	10.63
17	10/9/2014	15:27	1.06	11	47.4	931.9	35.2	29.14	0.73	10.63
17	10/9/2014	15:32	0.98	15	48	931.9	36.2	29.14	0.73	10.63
17	10/9/2014	15:04	0.82	13	50	931.9	37.2	29.14	0.73	10.63
16*	10/9/2014	15:05	1.43	11	47.3	930.9	31.3	27.49	0.57	18.81
16	10/9/2014	15:57	1.61	13	45	932.4	32.3	27.49	0.57	18.81
16	10/9/2014	16:03	1.60	13	40.4	931.8	33.3	27.49	0.57	18.81
16*	10/9/2014	16:01	1.68	15	38.7	932	34.3	27.49	0.57	18.81
16	10/9/2014	16:16	1.61	17	37.1	932	35.3	27.49	0.57	18.81

Point	Date	Calendrier	Émissions (μmol CO2 nr² s^1 ·)	Umi. Air (°0)	Temp. de l'air Air (°C)	P Atm (IiPa)	Humide. Sol (° 0)	Température du sol Sol (°C)	Cond. Tèrni (W11r[1] K')[1]	C/N
16	10/9/2014	16:22	E60	15	37.3	932	36.3	27.49	0.57	18.81
9	10/23/2014	7:15	0.64	64	23.9	939	28.5	22.55	0.41	9.51
9	10/24/2014	7:03	0.68	54	26.3	939.5	28.5	22.55	0.41	9.51
9	10/25/2014	7:04	0.65	48	28	939	28.5	22.55	0.41	9.51
9*	10/26/2014	7:45	0.70	45	29.3	940	28.5	22.55	0.41	9.51
9	10/27/2014	7:52	0.59	45	30.4	940.4	28.5	22.55	0.41	9.51

Point	Date	Calendrier	Émission	Umi	Temp. air	P Atm	Humide. Sol (%)	Température sol	Condition thermique	C/N
9*	10/28/2014	8	0.68	45	30.4	940.4	28.5	22.55	0.41	9.51
10	10/29/2014	8:14	0.93	40	34	940.4	26.5	23.94	0.49	9.95
10	10/30/2014	8:31	0.93	28	40.7	940.3	26.5	23.94	0.49	9.95
10*	10/31/2014	8:29	1.07	22	42.9	940	26.5	23.94	0.49	9.95
10	11/1/2014	8:37	0.86	14	44.3	940	26.5	23.94	0.49	9.95
10	11/2/2014	8:46	0.86	25	41.5	940	26.5	23.94	0.49	9.95
6	11/3/2014	8:59	0.61	22	42.4	940.2	25.2	23.32	0.34	10.69
6	11/4/2014	9:07	0.69	29	39.3	940.5	25.2	23.32	0.34	10.69
6	11/5/2014	9:16	0.64	25	40.5	940.5	25.2	23.32	0.34	10.69
6	11/6/2014	9:31	0.58	23.2	37.3	940.6	25.2	23.32	0.34	10.69
6*	11/7/2014	9:36	0.51	33	36.7	940.6	25.2	23.32	0.34	10.69
11	11/8/2014	9:46	0.75	31	37.9	940.4	30.2	25.1	0.80	9.68
11	11/9/2014	9:53	0.98	26	41.6	940.4	30.2	25.1	0.80	9.68
11	11/10/2014	9:59	0.93	14	44.8	940.4	30.2	25.1	0.80	9.68
11*	11/11/2014	10:07	1.09	13	45.7	940.4	30.2	25.1	0.80	9.68
11	11/12/2014	10:13	0.86	11	47.3	940	30.2	25.1	0.80	9.68

Note : *Données non utilisées dans l'analyse statistique.

TABLEAU 3 : ÉMISSIONS DE CO_2, PARAMETRES ATMOSPHERIQUES MOYENS ET PARAMETRES PHYSICO-CHIMIQUES DU SOL DE LA PARCELLE 15.

Point	Date	Calendrier	Émission (µmol CO ? ITT^2 s^{-1} -)	Umi, Ar (%)	Temp. de l'air Air (C)	P Atm (IiPa)	Humide. Sol (%)	Température du sol Sol (C)	Condition thermique (Wm^{-1} K')^1	C/N
4	11/10/2014	13:02	3.86	53.00	28	940.4	53.8	23.02	0.299	8.19
4	11/10/2014	13:27	2.54	56.00	28	940.4	53.8	23.02	0.299	8.19
4	11/10/2014	13:35	2.38	64.00	29.5	940.3	53.8	23.02	0.299	8.19
4	11/10/2014	13:42	2.30	54.00	30.1	940.3	53.8	23.02	0.299	8.19
4	11/10/2014	13:52	2.08	54.00	29.5	940.2	53.8	23.02	0.299	8.19
3	11/10/2014	14:08	1.59	47.00	30.5	940.3	47.1	23.43	0.289	9.66
3	11/10/2014	14:19	1.68	49.00	30.1	940.2	47.1	23.43	0.289	9.66
3	11/10/2014	14:34	1.56	56.00	29.5	940.3	47.1	23.43	0.289	9.66
3	11/10/2014	14:39	1.55	54.00	29.3	940.1	47.1	23.43	0.289	9.66
3	11/10/2014	14:48	1.56	66.00	28.6	939.9	47.1	23.43	0.289	9.66
2	11/10/2014	15:02	1.47	57.00	28.7	940	50.5	23.3	0.449	8.67
2	11/10/2014	15:08	1.03	62.00	28.7	939.7	50.5	23.3	0.449	8.67
2	11/10/2014	15:18	1.11	64.00	28.4	939.6	50.5	23.3	0.449	8.67
2	11/10/2014	15:25	0.92	66.00	28.1	939.6	50.5	23.3	0.449	8.67
2	11/10/2014	15:36	1.19	62.00	28.3	939.4	50.5	23.3	0.449	8.67
1	11/10/2014	15:53	1.32	61.00	28.7	939.5	48.8	22.95	0.32	8.42
1	10/11/1014	16:01	1.09	66.00	28.7	939.5	48.8	22.95	0.32	8.42
1	11/10/2014	16:07	1.25	65.00	28.2	939.3	48.8	22.95	0.32	8.42
1	11/10/2014	16:15	1.39	58.00	27.9	939.2	48.8	22.95	0.32	8.42
8	11/11/2014	14	0.85	47.00	27	940.2	43.8	21.42	0.48	11.39
8	11/11/2014	14:01	0.76	49.00	27	940.3	43.8	21.42	0.48	11.39
Point	Date	Calendrier	Émissions (µmol CO2	Umi, Ar	Temp. de l'air Air (	P Atm	Humide.	Température du sol Sol (	Cond. thermique	C/N

36

			m^2 s^1 ·)	(%)	C)	(hPa)	Sol (%)	C)	(Wm-[1] K')[1]	
8	11/11/2014	14:02	0.61	48.00	27.1	940.2	43.8	21.42	0.48	11.39
8	11/11/2014	7:12	0.89	48.00	27.2	940.3	43.8	21.42	0.48	11.39
7	2/3/2015	15	3.04	80.00	26	939.5	65.6	22.51	0.58	10.61
7	2/3/2015	15:15	2.92	78.00	26.2	939.5	65.6	22.51	0.58	10.61
7	2/3/2015	15:22	2.76	78.00	26.5	939.3	65.6	22.51	0.58	10.61
7	2/3/2015	15:03	1.97	77.00	26	939.2	65.6	22.51	0.58	10.61
6	2/3/2015	15:04	1.75	70.00	26	939.7	60.6	22.48	0.55	10.81
6	2/3/2015	16	2.57	72.00	25.8	939.6	60.6	22.48	0.55	10.81
6	2/3/2015	16:01	1.23	70.00	25.8	939.6	60.6	22.48	0.55	10.81
6	2/3/2015	16:19	3.35	68.00	26	939.4	60.6	22.48	0.55	10.81
6	2/3/2015	16:03	2.73	68.00	26	939.5	60.6	22.48	0.55	10.81
5	2/3/2015	16:45	2.07	65.00	25.5	940.2	53.8	22.85	0.72	10.46
5	2/3/2015	17	2.57	60.00	25.5	940.3	53.8	22.85	0.72	10.46
5	2/3/2015	17:15	2.86	60.00	25.3	939.5	53.8	22.85	0.72	10.46
5	2/3/2015	17:03	3.02	60.00	25.3	939.5	53.8	22.85	0.72	10.46
9	24/03/2015	14:37	1.59	81.00	25.2	945.4	57.2	21.17	0.66	8.77
9	24/03/2015	14:45	1.95	84.00	25.2	945.4	57.2	21.17	0.66	8.77
9	24/03/2015	14:52	1.99	81.00	25.4	945.2	57.2	21.17	0.66	8.77
9	24/03/2015	15:01	1.98	80.00	25.2	945.1	57.2	21.17	0.66	8.77
13	17/04/2015	10:23	1.64	86.00	23.2	945.9	57.2	21.42	0.48	9.66
14	17/04/2015	10:04	1.73	88.00	23.3	945.6	53.8	21.42	0.48	9.66
15	17/04/2015	10:55	2.59	89.00	23.5	945.3	63.9	21.42	0.48	9.66
16	17/04/2015	11:05	2.14	89.00	24.2	945.2	50.5	21.42	0.48	9.66

Point	Date	Calendrier	Émissions (µmol CO2 m^2 s^1 ·)	Umi, Air (%)	Temp. de l'air Air (° C)	P Atm (hPa)	Humide. Sol (%)	Température du sol Sol (° C)	Cond. Tèrni (Wm^1 K')[1]	C/N
10	17/04/2015	11:02	2.49	88.00	24.7	945.0	67.3	21.42	0.48	9.66
17	13/05/2015	9:05	2.10	89.00	19.4	948.6	39.9	18	0.48	9.66
14	13/05/2015	09:34	2.40	77	21	949.3	70.0	18	0.48	9.66
И	13/05/2015	10:05	2.03	88.00	19.6	948.8	39.9	18	0.48	9.66
12	13/05/2015	10:15	1.67	92.00	18.9	948.5	34.0	18	0.48	9.66

TABLEAU 4 : STATISTIQUES DESCRIPTIVES DES PARAMÈTRES ÉTUDIÉS DANS LE PROJET.

	Palan	Émissions (µmol CO2 m^2 s^1 ·)	Umi. Air (° C)	Temp. de l'air Air (° C)	P Atm (IrPa)	Humide. Sol (%)	Température du sol Sol (° C)	Cond. Tèrni (Wnr^1 K')[1]	C/N	Calendrier
Les médias		E38	23.97	38.22	937.14	32.10	25.20	0.74	11,40	12.36
Max.		2.59	64.00	50.20	940.80	48.19	35.30	1.07	18,81	17.18
Min	15	0.51	11.00	23.70	930.90	21.65	18.31	0.34	8,57	7.25
DV		0.54	12.66	7.51	3.86	7.10	4.50	0.25	2,55	3.14
CV		39.13	52.82	19.65	0.41	22.12	17.86	33.78	22,37	25.40
Médiane		1.52	22.00	37.80	940.00	30.49	23.94	0.80	10,63	11.67
Les médias	23	1.92	67.84	26.36	941.58	53.34	22.12	0.48	9,64	14.17

Max.		3.86	92.00	30.50	949.30	70.00	23.43	0.72	11,39 17.50
Min		0.61	47.00	18.90	939.20	33.99	18.00	0.29	8,19 7.20
DV		0.73	13.39	2.70	3.04	7.77	1.44	0.13	1,01 2.31
CV		38.02	19.74	10.24	0.32	14.57	6.51	27.08	10,48 16.30
Médiane		1.95	66.00	26.20	940.20	53.85	22.51	0.48	9,66 14.80
Les médias		1.63	46.08	32.18	939.45	42.54	23.56	0.60	10,45 13.16
Max.	Total	3.86	92.00	48.30	949.30	70.00	35.30	1.07	18,81 17.50
Min.		0.51	11.00	18.90	931.50	21.65	18.00	0.29	8,19 7.20
CV		31.29	23.87	58.73	99.15	50.89	76.40	48.33	78,37 54.71
DV		0.70	25.47	7.97	4.03	13.07	3.50	0.24	2,10 3.00
Médiane		1.61	48.00	29.00	940.05	41.72	23.02	0.55	10,01 14.31

En ce qui concerne les flux de CO_2 provenant des émissions de carbone par le sol, il a été observé que dans la parcelle 15 les émissions étaient légèrement inférieures à celles observées dans la parcelle 23, respectivement entre 0,51 et 2,59 μmol CO_2 m^{-2} s^{-1}, avec une moyenne de 1,38 μmol CO_2 m^{-2} s^{-1}, un écart-type de 0,54 et une médiane de 1,52 μmol CO_2 m^{-2} s^{-1}, contre des émissions qui allaient de 0,61 à 3,86 μmol CO_2 m^{-2} s^{-1}, avec une moyenne de 1,92 μmol CO_2 m s^{-2-1}, un écart-type de 0,73 et une médiane de 1,95 μmol CO_2 m s^{-2-1} (Tableau 3). La figure 18 illustre ces différences.

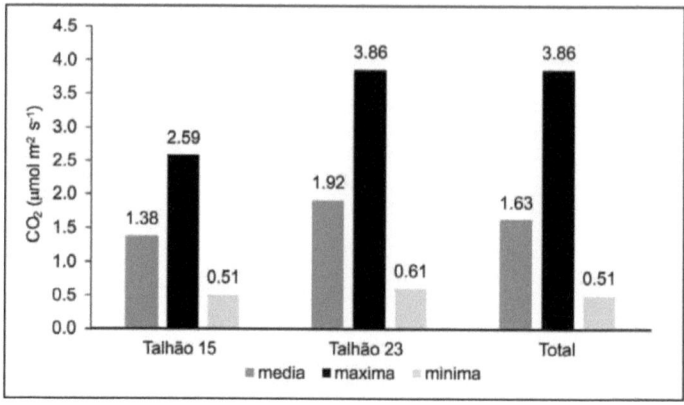

FIGURE **18** : ÉMISSIONS DE CO2.

En raison de la période de collecte des données et de l'ombrage fourni par les arbres, les variations de température mesurées dans la parcelle 15 sont plus importantes que dans la parcelle 23, respectivement de 23,7°C à 50,2°C (moyenne 38,3°C) et de 18,9°C à 30,5°C (moyenne 26,4°C). La température du sol présente un comportement similaire, variant de 18,3°C à 35,3°C (moyenne 25,2°C) dans la parcelle 15, et de 18,0°C à 23,4°C (moyenne 22,1°C) (Tableau 3 et Figure 19).

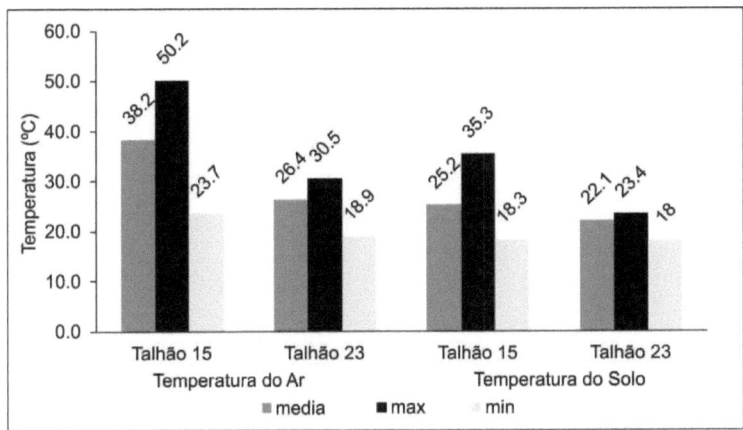

Figure 19 : Température du sol et de l'air pendant la période de collecte.

L'humidité relative dans la parcelle 15 a varié de 11,0 % à 64,0 % (moyenne 23,9 %), tandis que dans la parcelle 23, en raison de la présence de végétation, l'humidité a varié de 47,0 % à 92,0 % (moyenne 67,8 %) (figure 20). De faibles variations de la pression atmosphérique ont été observées, entre 930,9 hPa et 940,8 hPa dans la parcelle 15, et entre 939,2 hPa et 949,3 hPa dans la parcelle 23.

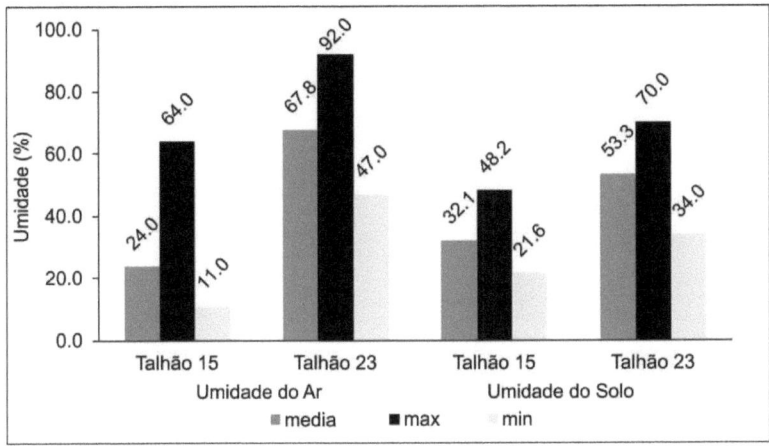

FIGURE 20 : HUMIDITÉ DU SOL ET DE L'AIR PENDANT LA PÉRIODE DE COLLECTE.

En raison de la présence d'une couverture végétale sur le sol, les paramètres physiques du sol présentent quelques différences entre les zones. L'humidité du sol dans la parcelle 15 varie de 21,7 % à un maximum de 48,2 % (moyenne 32,1 %), tandis que dans la parcelle 23 elle varie de 34,0 % à 70,0 % (moyenne 53,3 %) (figure 20). La conductivité thermique de la parcelle 15 est plus élevée que celle de la parcelle 23, allant respectivement de 1,07 W m^{-1} K^{-1} à 0,34 W m K^{-1-1} (moyenne de 0,74 W m^{-1} K^{-1}), et de 0,72 W m^{-1} K^{-1} à 0,29 W m K^{-1-1} (moyenne de 0,48 W m^{-1} K^{-1}) (figure 21).

39

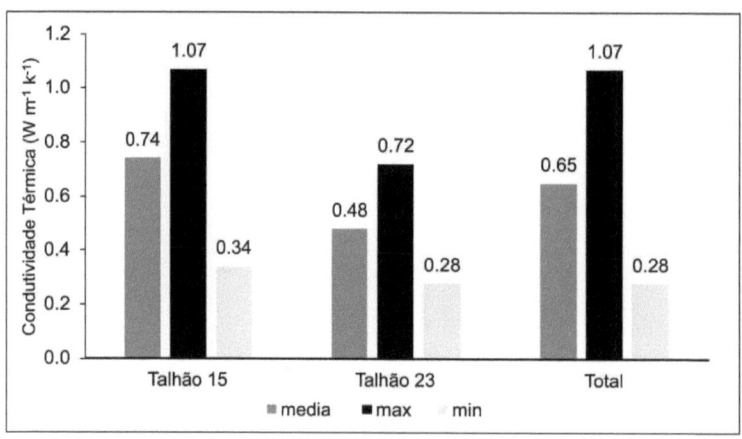

FIGURE 21 : CONDUCTIVITÉ THERMIQUE PENDANT LA PÉRIODE DE COLLECTE.

Le rapport C/N a montré des valeurs plus élevées dans la parcelle 15, indiquant une présence plus faible de carbone dans le sol, allant de 18,8 à 8,6 (moyenne 11,44) dans la parcelle 15, et de 11,4 à 8,2 (moyenne 9,6) dans la parcelle 23 (figure 22).

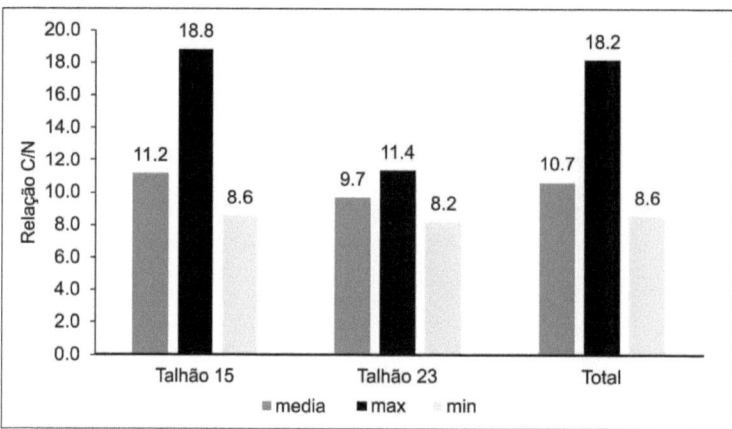

FIGURE 22 : RAPPORTS C/N MESURÉS.

5.3 Évaluation des fluctuations des émissions journalières

Diverses études sur les émissions de CO_2 et la respiration du sol indiquent que les émissions fluctuent quotidiennement (LA SCALA et al. 2000 ; TEIXEIRA et al., 2011 ; EPRON, 2014 ; BICALHO et al., 2014). Les informations de terrain ont été collectées à différents jours et à différentes heures de la journée et, pour comprendre ces oscillations dans la zone d'étude, les valeurs quotidiennes moyennes des émissions mesurées ont été calculées, ainsi que les paramètres de l'humidité du sol et de la température de l'air, variables qui sont significativement corrélées avec la respiration du sol (DIAS, 2006 ; EPRON et al., 2006 ; OHASHI ET GYOKUSEN, 2007).

TABLEAU 5 : STATISTIQUES DESCRIPTIVES DES EMISSIONS DE CO_2, de la TEMPÉRATURE ET DE L'HUMIDITÉ DU SOL POUR TOUS LES JOURS DE L'ÉTUDE EN 2014/2015.

Date	Émissions de CO_2 (μmol CO_2 m^{-2} s)$^{-1}$		Humidité du sol (%)		Température de l'air (°C)		n
	Les médias	cv*(%)	Les médias	CV(%)	Les médias	CV(%)	
07/09/14	1,98	16,67	33,32	23,62	30,38	12,94	16
08/09/14	1,73	13,29	31,42	26,88	38,08	17,04	13
09/09/14	1,32	24,24	36,06	17,25	45,1	7,82	21
23/09/14	0,77	21,46	27,63	6,75	37,39	18,02	21
10/10/14	1,68	40,9	50,13	5,06	28,88	2,67	19
11/10/14	0,78	14,04	43,75	0	27,08	0,31	4
03/02/15	2,53	22,89	60,06	7,72	25,84	1,32	13
24/03/15	1,88	8,82	57,21	0	25,25	0,34	4
17/04/15	2,12	18,16	58,56	10,66	23,78	2,43	5
13/05/15	2,05	12,71	45,94	30,69	19,73	3,95	4

obs :* CV- Coefficient de variation

Les émissions quotidiennes moyennes de CO_2 provenant du sol allaient de 0,77 à 1,98 μmol CO_2 m^{-2} s^{-1} pour la parcelle 15 (reboisement en phase de croissance) et de 0,78 à 2,53 μmol CO_2 m^{-2} s^{-1} pour la parcelle 23 (reboisement établi), ce qui montre les taux d'émission plus élevés pour la zone déjà reboisée, comme nous l'avons mentionné précédemment.

Les valeurs du coefficient de variation se situaient entre 8 % et 40 %, ce qui est faible par rapport à celles trouvées par d'autres auteurs (BiCALHo et al., 2014) dans l'État de São Paulo. Lors de l'analyse de ces valeurs, il convient de garder à l'esprit que, dans ce projet, chaque point a été mesuré plus d'une fois et que, certains jours, seules quelques mesures ont été prises.

En comparant les valeurs moyennes d'humidité du sol et les taux d'émission (tableau 5), on constate qu'il existe une corrélation entre les valeurs, une augmentation de l'humidité correspondant à une augmentation des émissions. Toutefois, cette corrélation n'est pas statistiquement significative ($r=0,60$, $p<0,06$), principalement en raison du petit nombre d'échantillons.

41

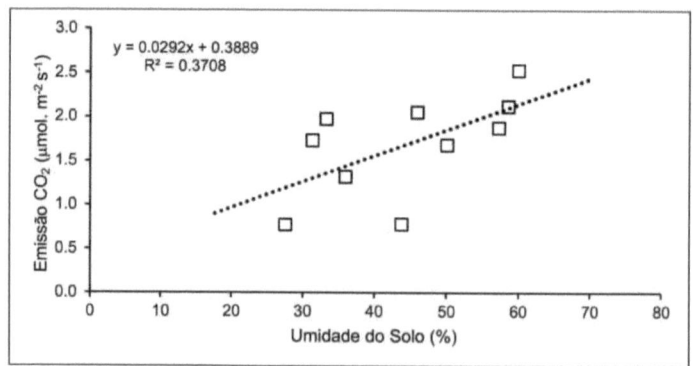

En comparaison avec les températures mesurées, il existe une corrélation linéaire négative entre l'émission quotidienne moyenne de CO_2 et la température quotidienne moyenne (figure 24), qui n'est pas statistiquement significative ($r=-0,49$, $p<0,2$). Bien que non significative, cette corrélation négative peut s'expliquer par la mesure de taux d'émission plus élevés (Figure 18) dans la zone forestière restaurée (parcelle 23), où les températures sont plus basses et plus homogènes (Figure 19).

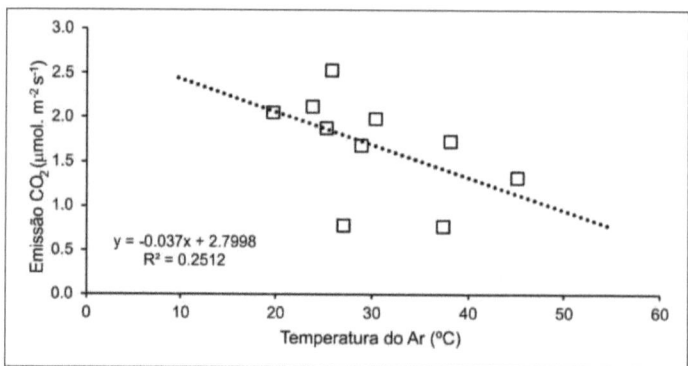

FIGURE 24 : RELATION ENTRE LES MOYENS JOURNALIERS DES ÉMISSIONS ET LA TEMPÉRATURE DE L'AIR.

5.4 Émissions de CO_2 et variables environnementales

Afin de mieux étudier les relations entre les variables mesurées dans le cadre du projet, une matrice de corrélation a été établie pour les données collectées dans la zone nouvellement reboisée, de sorte que les corrélations entre les variables indépendantes puissent également être évaluées. Le tableau 6 présente la matrice de corrélation pour les données collectées dans la parcelle 15.

TABLEAU 6 : MATRICE DE CORRELATION DE LA SUPERFICIE PLANTEE EN 2014. VALEURS MARQUEES ASTERISCO $P<0,05$

J'ai vu	V2 Humide.	V3	V4	V5 U do	V6	V7Cond.	V8	V9

	Enjeu	Air	Température de l'air	Pression	sol	T.Solo	Durée.	C/N	Calendrier
J'ai vu	1,00	-	-	-	-	-	-	-	-
V2	-0,11	1,00	-	-	-	-	-	-	-
V3	-0,21	**-0,84***	1,00	-	-	-	-	-	-
V4	0,02	**0,61***	**-0,47***	1,00	-	-	-	-	-
V5	0,18	-0,09	-0,10	''.-****z -0,46	1,00	-	-	-	-
V6	-0,02	**-0,62***	**0,75***	**-0,52***	**-0,24***	1,00	-	-	-
V7	**0,56***	-0,16	-0,16	-0,20	**0,57***	**-0,26***	1,00	-	-
V8	**0,28****	**-0,37***	**0,29***	**-0,44***	-0,08	**0,46***	-0,16	1,00	-
V9	**0,33***	**-0,74***	**0,47***	**-0,79***	**0,31***	**0,58***	**0,26***	**0,44***	1,00

Les taux d'émission de CO_2 du sol ont montré une corrélation linéaire significative avec trois des variables étudiées (tableau 6) : la conductivité thermique ($r=0,56$, $p<0,0001$), le rapport C/N ($r=0,28$, $p<0,05$) et l'heure de la journée ($r=0,33$, $p<0,05$).

La température de l'air a montré une corrélation négative non significative ($r=-0,21$, $p<0,1$) avec les émissions, tout comme la corrélation entre la respiration quotidienne du sol et la température, dans la parcelle 15, ce qui est dû au fait que des températures extrêmement chaudes se sont produites pendant la période de collecte, ce qui finit par inhiber l'activité bactérienne (KANG et al., 2003).

L'humidité du sol a montré une corrélation linéaire non significative ($r=0,18$, $p<0,2$) avec la respiration. La corrélation linéaire positive significative ($r=0,57$, $p<0,0001$) entre la conductivité thermique et l'humidité du sol, ainsi que la corrélation entre la conductivité thermique et les émissions peuvent indiquer l'effet de l'humidité sur la respiration du sol.

Bien que l'heure de la journée n'ait pas d'influence directe sur les émissions, elle peut représenter l'influence de variables environnementales qui sont en corrélation, la variable montre une corrélation linéaire.

avec la température de l'air ($r=0,47$, $p<0,0001$), la température du sol ($r=0,58$, $p<0,0001$) et l'humidité du sol ($r=0,31$, $p<0,01$).

Dans ce cas, la quantité de carbone dans le sol peut être un facteur déterminant pour la quantité de CO_2 émise, puisque le rapport C/N a montré une corrélation linéaire positive avec les émissions.

La même procédure a été appliquée à la parcelle 23, une zone reboisée en 1918 dans le même but (tableau 7).

TABLEAU 7 : MATRICE DE CORRELATION DE LA SUPERFICIE PLANTÉE EN 1918 (PARCELLE 23). VALEURS marquées d'un astérisque $p<0,05$

V1 Enjeu	V2 Humide. Air	V3 Température de l'air	V4 Pression	V_5 U do sol	V6T.Solo	V7Cond. Durée.	V8 C/N	V9 Calendrier

V1	1,00	-	-	-	-	-	-	-	-
V2	0,28*	1,00	-	-	-	-	-	-	-
V3	-0,24	-0,77*	1,00	-	-	-	-	-	-
V4	0,07	0,72*	-0,81*	1,00	-	-	-	-	-
V5	0,55*	0,34*	-0,05	-0,06	1,00	-	-	-	-
V6	-0,02	-0,60*	0,89*	-0,88*	0,14	1,00	-	-	-
V7	0,27	0,41*	-0,51*	0,18	0,38*	-0,26	1,00	-	-
V8	0,04	-0,03	-0,28	-0,12	0,11	-0,17	0,48*	1,00	-
V9	0,08	-0,36*	0,51*	-0,71*	0,23	0,68*	0,22	-0,01	1,00

Le champ 23 a montré une corrélation linéaire significative (tableau 7) entre les émissions de CO_2 et l'humidité du sol *(r=0,55, p<0,0001)* et l'humidité de l'air *(r=0,28, p<0,05)*.

La corrélation entre l'humidité du sol et la respiration du CO_2 a déjà été démontrée lors de l'analyse des fluctuations quotidiennes de l'humidité, et avec l'augmentation de l'humidité, il y a une augmentation des activités de dégradation de l'O.M. par les micro-organismes (KUTsCH et al., 2010).

L'humidité de l'air dans la parcelle 23 présente une corrélation significative avec l'humidité du sol *(r=0,34, p<0,05)*, ce qui indique qu'une humidité de l'air plus élevée est liée à des événements pluvieux. Comme pour la placette 15, la température de l'air présente une relation linéaire négative *(r=-0,24, p<0,11)* qui n'est pas significative avec les émissions.

Lorsque la matrice de corrélation est évaluée avec toutes les données collectées (tableau 8) dans les deux zones, on constate que les émissions de CO_2 présentent une corrélation positive significative avec les paramètres suivants : humidité de l'air *(r=0,40, p<0,0001)*, pression atmosphérique *(r=0,25, p<0,05)*, humidité du sol *(r=0,55, p<0,0001)* et heure du jour *(r=0,33, p<0,01)* et une corrélation négative significative avec la température de l'air *(r=-0,41, p<0,0001)*.

TABLEAU 8 : MATRICE DE CORRELATION DE L'ENSEMBLE DES DONNÉES DU PROJET. VALEURS MARQUÉES ASTERISCO P<0,05

	V1 Enjeu	V2 Humide. Air	V3 Température de l'air	V4 Pression	V5 U du sol	V6 T.Solo	V7 Cond. Durée.	V8 C/N	V9 Calendrier
V1	1,00	-	-	-	-	-	-	-	-
V2	0,40*	1,00	-	-	-	-	-	-	-
V3	-0,41*	-0,89*	1,00	-	-	-	-	-	-
V4	0,25*	0,74*	-0,67*	1,00	-	-	-	-	-
V5	0,55*	0,74*	-0,63*	0,31*	1,00	-	-	-	-
V6	-0,17	-0,62*	0,79*	-0,66*	-0,38*	1,00	-	-	-
V7	0,09	-0,44*	0,28*	-0,36	-0,21*	0,05	1,00	-	-
V8	-0,01	-0,44*	0,40*	-0,46	-0,31*	0,48*	0,18	1,00	-
V9	0,33*	0,00	0,04*	-0,44	0,42*	0,35*	0,05	0,15	1,00

En comparant les données collectées, on constate que les émissions de CO_2 les plus élevées (figure 18) ont été enregistrées dans la parcelle 15, ainsi que l'humidité du sol et de l'air la plus élevée (figure 20), le rapport C/N (figure 22) et la pression atmosphérique (tableau 4), tandis que la température du sol et de l'air la plus élevée (figure 19) et la conductivité thermique la plus élevée (figure 21) ont été enregistrées dans la parcelle 23.

Dans les zones forestières restaurées, l'humidité de l'air (figure 20) et les émissions de CO_2 sont plus élevées que dans les zones nouvellement reboisées, ce qui explique que les données totales montrent cette corrélation (tableau 8), qui avait déjà été observée dans la zone plantée en 1918 (tableau 7).

La température du sol a montré une corrélation négative significative avec la respiration du sol (tableau 8), une tendance déjà observée dans l'analyse des données quotidiennes moyennes (figure 23) et dans l'analyse individuelle de chacune des parcelles (tableaux 6 et 7). Ceci est dû au fait que les températures de l'air les plus basses se trouvent dans les zones forestières, en raison du microclimat créé par la végétation.

La relation entre l'humidité du sol et la respiration (tableau 8) était similaire à la valeur trouvée pour la zone reboisée en 1918 (tableau 7), ce qui montre que l'humidité est un contrôleur important des émissions à la fois dans les zones nouvellement reboisées et restaurées, avec la corrélation la plus forte trouvée dans notre ensemble de variables.

5.5 Régression linéaire multiple

L'analyse de la matrice de corrélation avec toutes les données du projet (tableau 8) montre qu'il existe plusieurs variables corrélées avec les émissions de CO_2, mais qu'aucune d'entre elles n'est capable de prédire de manière satisfaisante le taux d'émission de CO_2 dû à la respiration du sol. La régression linéaire multiple est l'outil statistique approprié pour prédire une variable dépendante lorsqu'elle est en corrélation avec plusieurs variables indépendantes.

En raison de la relation entre le nombre de variables indépendantes et le nombre d'échantillons, le développement d'un modèle de régression pour chacune des zones séparément conduirait à des problèmes d'ajustement excessif (HAIR Jr et al., 2009), et le développement d'un modèle unique est recommandé, étant donné que les deux zones se trouvent sur le même type de sol et le même régime climatique.

Afin d'atteindre l'objectif de la régression linéaire multiple, qui est d'estimer un modèle général de prédiction du CO_2 dans les zones reboisées de la forêt tropicale atlantique, il a été nécessaire de standardiser le nombre d'échantillons pour les deux parcelles. La procédure a été la même que celle utilisée précédemment (Tableau 8), en utilisant la moyenne des valeurs calculées à chaque point (Tableau 2) pour éliminer les mesures ayant les plus grandes déviations par rapport à la moyenne

(Annexe 1).

Afin d'évaluer la capacité des variables indépendantes sélectionnées à prédire les émissions de CO_2 du sol, une équation de régression linéaire multiple a été estimée à l'aide de *Stata : Data Analysis and Statistical* Software à partir des données de l'annexe 1. Le tableau 9 présente les résultats de la régression multiple.

TABLEAU 9 : RÉGRESSION LINÉAIRE MULTIPLE AVEC TOUTES LES DONNÉES COLLECTÉES.

Nombre d'observateurs =98				SS	df	MS
F(8, 89)= 12,68			Régression	25,94612	8	3,24326526
Prob >F = 0	EQM de la racine = 0,50581		résiduel	22,76997	89	0,25584241
R^2 = 0,53	R^2 ajusté = 0,49		total	48,7161	97	0,5022278
Variable	Coef.	Erreur standard	t	P>|t|	(Interv. Conf. 95%)	
Temp, air	-0,64313	0,0207775	-3,10	0,003	-0,1056	-0,0230282
Humide, Air	-0,01890	0,0077692	-2,43	0,017	-0,0343	0,0034645
Temp, sol	0,09957	0,0328228	3,03	0,003	-0,0343	0,1647882
Umid, Solo	0,03462	0,008346	4,15	0,000	0,0180	0,512001
Pression	0,11100	0,0264199	4,20	0,000	0,0585	1,634966
Cod. term,	0,89699	0,2648216	3,39	0,001	0,3708	1,423190
C/N	0,05652	0,0293649	1,92	0,057	-0,0018	0,1148726
Calendrier	0,03800	0,0281285	1,35	0,18	0,0179	0,0938250
contre	-105,1550	24,930580	-4,22	0,000	-154,6910	-55,618220

L'analyse des résultats indique qu'il est possible de rejeter l'hypothèse de non régression, c'est-à-dire que le modèle est significatif à un niveau de signification de 0,05, puisque la valeur F (12,68) est supérieure à la valeur critique (Fs = 2,126) et que la valeur p = 0,0000 < 0,05, on peut conclure qu'au moins une des variables explicatives est liée aux émissions de Co2.

La valeur du ratio du modèle est satisfaisante (R^2 =0.53), et représente la proportion de la variation des émissions de CO_2 qui est expliquée par l'ensemble des variables explicatives sélectionnées, comme on peut le voir dans la figure 25, qui montre les valeurs mesurées *par rapport aux* valeurs calculées par la régression linéaire multiple. On constate que les valeurs calculées (série 2) sont mieux ajustées aux valeurs observées (série 1) dans la parcelle 15 (récemment reboisée - points 1 à 49) que dans la parcelle 23 (reboisée en 1918 - points 50 à 98).

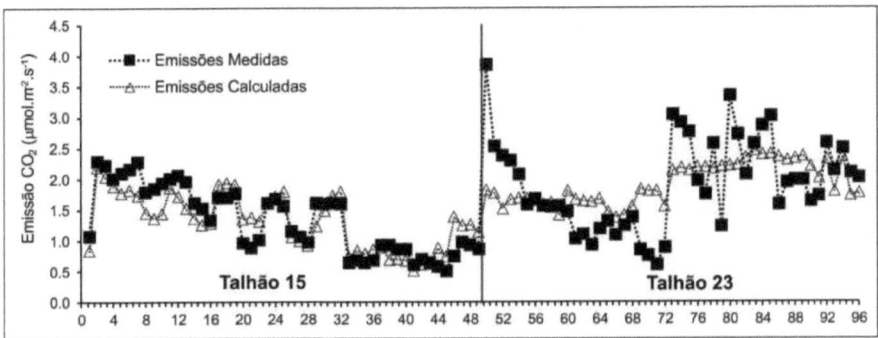

FIGURE 25 : GRAPHIQUE DE COMPARAISON DES VALEURS MESUREES (EN BLEU) et des VALEURS CALCULEES (EN ORANGE).

L'analyse des résidus (Figure 26) montre qu'ils n'ont pas une variation constante, proche de zéro, augmentant en fonction des émissions, c'est-à-dire qu'ils ont tendance à s'éloigner, ce qui indique l'existence d'une hétéroscédasticité, qui est la violation de l'hypothèse statistique selon laquelle les variances des termes d'erreur sont égales (HAiR Jr. Et al., 2009).

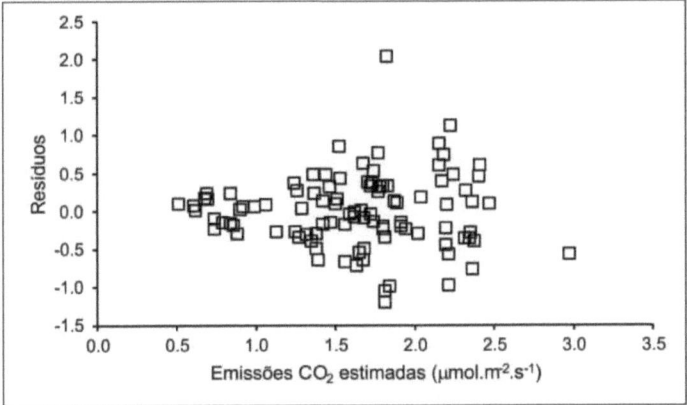

FIGURE 26 : VALEURS AJUSTEES *PAR RAPPORT AUX* RESIDUS. La DISTRIBUTION DES RÉSIDUS MONTRE UNE augmentation de la dispersion au fur et à mesure que les émissions augmentent, ce qui indique une HETEROSCEDASTICITE.

L'existence d'observations divergentes (*valeurs aberrantes*) dans les données enregistrées signifiait que le modèle basé sur la régression linéaire multiple présentait deux violations des hypothèses statistiques, ce qui ne permettait pas de le valider.

Pour corriger ce problème, la méthode de l'erreur standard de Hubber-White (GREENE, 2008) a été utilisée, en utilisant le logiciel *Stata,* dont les résultats sont présentés dans le tableau 10, indiquant que l'hétéroscédasticité a été réduite, tandis que la variable indépendante "rapport C/N" est devenue significative à 5%, tandis que la variable "humidité de l'air" n'a été significative qu'à 10%, et que le temps est resté insignifiant.

Nombre d'observateurs =98						
F(8, 89)= 25,69						
Prob>F= 0	EQM de la racine = 0,50581					
R² = 0,53						
Variable	Coef.	Erreur standard	t	P>|t|	(Interv. conf. 95%)	
Température de l'air	-0,64313	0,021435	-3,00	0,003	-0,10690	-0,021720
Humide. Air	-0,01890	0,009915	-1,91	0,060	-0,03860	0,000799
Sol	0,09957	0,024360	4,09	0,000	-0,05117	0,147972
Umi. Solo	0,03462	0,009724	3,56	0,000	0,01529	0,539382
Pression	0,11100	0,021372	4,25	0,000	0,06853	0,153466
Cod. Ter.	0,89699	0,280551	3,20	0,002	0,33955	1,454443
C/N	0,05652	0,025240	2,24	0,028	0,00637	0,106676
Calendrier	0,03800	0,024742	1,54	0,128	0,01116	0,087126
contre	-105,1550	19,83159	-5,30	0,000	-144,560	-65,74980

Cette méthode n'a donc pas permis de corriger adéquatement les problèmes observés dans la régression initiale, ce qui a nécessité le développement d'un troisième modèle, la régression robuste (GREENE, 2008). Dans ce type de régression, les *valeurs aberrantes* ne sont pas incluses dans l'analyse, ce qui permet de résoudre les deux problèmes rencontrés, l'hétéroscédasticité et l'existence d'observations discordantes (Figures 26). Le tableau 11 présente les résultats de cette régression, indiquant que toutes les variables sont significativement importantes (p-value < 0,05).

Tableau 11. Résultats de la régression robuste pour les deux zones.

Nombre d'observateurs =98						
F(8, 89)= 15,39						
Prob >F = 0						
Variable	Coef.	Erreur standard	t	P>|t|.	(intervalle de confiance à 95 %)	
Température de l'air	-0,54158	0,018513	-2,93	0,004	-0,09094	-0,01737
Humide. Air	-0,01384	0,006923	-2,00	0,049	-0,02759	0,000081
T. sol	0,078809	0,029246	2,69	0,008	-0,02070	0,136919
Umi. Solo	0,024148	0,007436	3,25	0,002	0,009372	0,038924
Pression	0,117122	0,023540	4,98	0,000	0,070348	0,163897
C. Durée.	1,093309	0,235959	4,63	0,000	0,624464	1,562155
C/N	0,081705	0,026164	3,12	0,002	0,029717	0,133694
Calendrier	0,060539	0,025063	2,42	0,018	0,010739	0,110338
contre	-111,238	22,21343	-5,01	0,000	-155,375	-67,10

48

On constate que cette régression a permis de réduire l'hétéroscédasticité (figure 27), en réduisant la distribution des résidus pour les émissions les plus élevées.

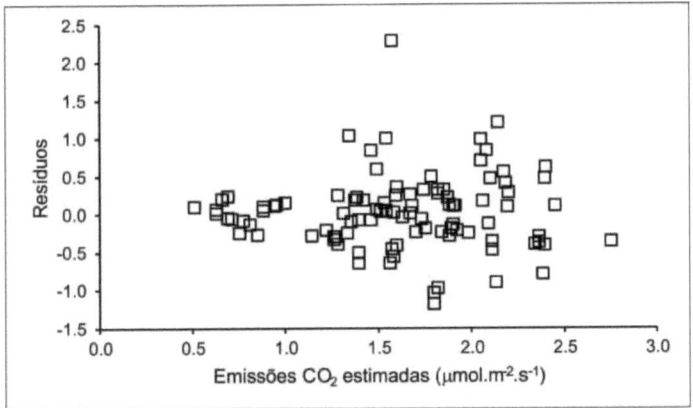

FIGURE 27 : RESIDUS AJUSTÉS ET RESIDUELS POUR LA REGRESSION ROBUSTE.

La figure 28 montre que pour toutes les régressions effectuées, les modèles générés reproduisent le plus fidèlement les valeurs d'émission mesurées dans la parcelle 15, alors que dans la parcelle 23, qui présente la plus grande variabilité des valeurs mesurées sur le terrain, aucun des modèles n'est en mesure de reproduire les émissions extrêmes (la plus élevée et la plus faible).

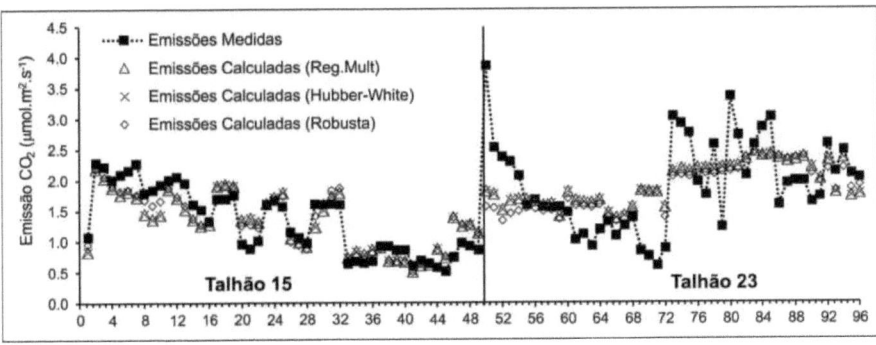

FIGURE 28 : GRAPHIQUE DE COMPARAISON DES VALEURS OBSERVEES X REGRESSIONS (OBSERVÉ - valeurs MESUREES, CALCULÉ - REGRESSION LINÉAIRE MULTIPLE, HUBBER-WHITE - régression HUBBER-WHITE ET ROBUSTE - REGRESSION ROBUSTE).

Cette différence entre la capacité de prédire les émissions est visible dans les figures 29 à 31, qui montrent les coefficients de relation entre les valeurs mesurées et calculées, alors que pour toutes les mesures effectuées la valeur de $R^2 = 0,51$, pour la parcelle 15 la relation linéaire est $R^2 = 0,82$, et pour la parcelle 23 $R^2 = 0,19$.

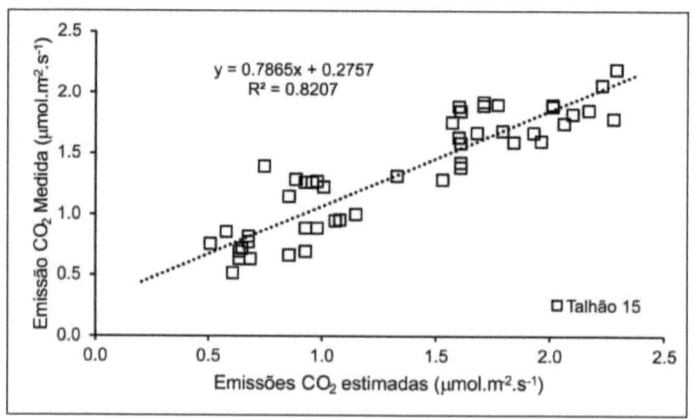

Figure 29 : RELATION ENTRE LES EMISSIONS OBSERVÉES ET CELLES PRÉVUES PAR LE REGIME ROBUSTA LiNEAR POUR LA PLACETTE 15.

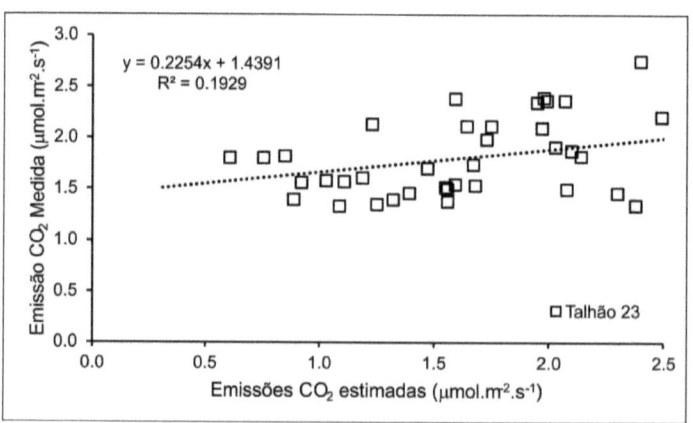

Figure 30 : RELATION ENTRE LES EMISSIONS OBSERVÉES ET CELLES PREDITES PAR LA REGRESSION LINÉAIRE ROBUSTE POUR BUTCHER BLOCK 23.

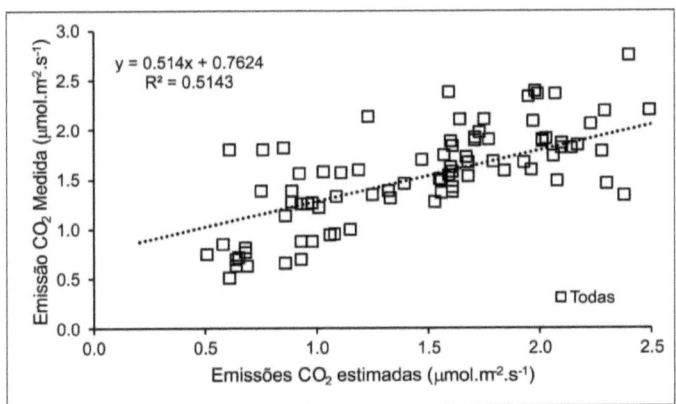

FIGURE 31 : RELATION ENTRE LES EMISSIONS OBSERVÉES ET PREVUES PAR LE REGIME LYNEAIRE DE ROBUsTA POUR TOUTES LES MESURES.

Les variables indépendantes sélectionnées sont principalement climatiques, telles que la température et l'humidité (tableaux 2 et 3). Il existe des indications de certains facteurs déterminants pour les valeurs de respiration plus faibles dans la parcelle 15, mais ils n'ont pas été évalués dans le cadre de ce projet : l'importance de l'ombrage du sol par la paille d'herbe, qui peut affecter les taux de respiration du sol, la quantité de racines, liée à l'absence d'arbres ayant un système racinaire établi, le vent, le rayonnement solaire direct et la structure physique du sol (KUTsH et al., 2010).

6. Considérations finales et conclusions

Les valeurs de respiration du sol enregistrées au cours de l'exécution de ce projet ont varié de 0,51 μmol CO_2 m s^{-2-1} à 3,86 μmol CO_2 m s^{-2-1} (moyenne de 1,63 μmol CO_2 m s^{-2-1}) (Figure 18), montrant des valeurs similaires à celles obtenues dans les expériences menées à l'intérieur de São Paulo dans la culture de la canne à sucre (PANOSSSO et al, 2009 ; BRITO et al., 2010 ; BICALHO et al., 2014) et inférieures à celles enregistrées dans les zones forestières de l'Amazonie (NUNES, 2003 ; SOTTA et al., 2004 ; CHAMBERS et al., 2004 ; TRUMBORE et al., 2006 ; DIAS, 2006).

Au sein de la parcelle 15, reboisée en 2014 (Figure 7), une émission moyenne de 1,38 μmol CO_2 m s^{-2-1} a été enregistrée. Cette parcelle a été cultivée en eucalyptus du début du 20ème siècle jusqu'en 2003, date à laquelle elle a été abandonnée pendant 10 ans et essentiellement occupée par des espèces de graminées, Elle a été reboisée cette année et présente des conditions plus proches de celles d'une zone cultivée en canne à sucre que de celles d'une forêt, en raison de la paille d'herbe récemment desséchée sur le sol et de l'historique du trafic de machines pendant la récolte des différents cycles d'eucalyptus.

La parcelle 23, reboisée en 1918 (figure 8), avait une émission moyenne de 1,92 μmol CO_2 m s^{-2-1} (figure 18), et se trouve dans un état de régénération avancé, avec un sous-étage dense, des arbres établis dans le couvert forestier et des fonctions écologiques rétablies.

La respiration moyenne du sol dans la parcelle 23 (1,92 μmol CO_2 m s^{-2-1}) était supérieure de 31,25% à la moyenne enregistrée dans la parcelle 15 (1,38 μmol CO_2 m s^{-2-1}). Cette différence est similaire à la valeur attribuée par certains auteurs à la respiration " autotrophe ", valeurs comprises entre 40 et 70% (HANSON et al., 2000 ; BOND-LAMBERTY et al., 2004 ; SUBKE et al., 2006). Pour Davidson et al. (2002), à sol et régime climatique identiques, les différences d'émissions devraient être attribuées à la végétation. Cependant, compte tenu des incertitudes associées, ainsi que du nombre de variables non mesurées, il est impossible de distinguer clairement leur contribution.

Les émissions de CO_2 ont montré une corrélation négative significative avec la température de l'air, alors qu'une corrélation positive était attendue (RAICH & SCHLESINGER, 1992). Ceci peut être associé au fait qu'à des températures élevées, l'activité microbienne est réduite (KANG et al., 2003), et que pendant la période de collecte, aucune température basse n'a été enregistrée, mais d'un autre côté, des températures élevées ont été observées, avec des extrêmes allant jusqu'à 50°C, en particulier dans la parcelle 15 (Figure 7).

La température du sol n'a pas montré de corrélation significative avec les émissions, comme l'ont observé d'autres auteurs dans l'État de Sao Paulo (BICALHO et al., 2014), ce qui peut être attribué aux faibles variations de température pendant la période de collecte, où la parcelle 15 (Figure a la protection de la paille et des espèces d'herbe, tandis que la parcelle 23 (Figure 8) a la protection de la canopée forestière, ce qui maintient la température du sol stable dans les deux formations forestières.

L'humidité du sol a montré une corrélation significative avec la respiration du sol, une corrélation observée par d'autres auteurs, tels que Dias (2006) et Shi et al. (2014), qui ont justifié le fait que l'activité microbienne est régulée par l'humidité, en raison des réactions chimiques de décomposition de l'O.M. (KANG et al., 2003).

La conductivité thermique a montré une corrélation positive significative avec l'émission de CO_2, en particulier dans la parcelle 15. Cette corrélation entre les propriétés thermiques du sol et la respiration a déjà été montrée dans des études spécifiques (NKONGOLO et al., 2010).

L'humidité de l'air a montré une corrélation positive significative avec la respiration du sol, en particulier dans la parcelle 23, qui a des températures plus douces que la parcelle 15. Cette corrélation n'était pas attendue, puisque dans les climats tempérés, une corrélation négative entre les variables a été observée (BILANDZIJA et al., 2014).

L'heure de la collecte a montré une corrélation significative avec la variable respiration du sol, en particulier dans la parcelle 15, et s'est avérée être l'une des variables indépendantes à utiliser pour prédire les émissions de CO_2, une caractéristique importante étant la facilité avec laquelle l'information peut être collectée. Selon Singh et Gupta (1978), les oscillations journalières de CO_2 peuvent être expliquées par les fluctuations de température, qui varient en fonction de l'heure de la journée. D'autre part, on constate que l'heure de la journée est en corrélation avec plusieurs des variables mesurées dans le projet.

L'équipement développé au département de physique de l'Unesp à Rio Claro (MORENO, 2012) s'est avéré être une alternative viable à moindre coût, obtenant des valeurs de respiration du sol similaires à d'autres projets menés dans l'État de Sao Paulo (PANOSSO et al, 2009 ; BRITO et al., 2010 ; BICALHO et al., 2014), et des corrélations significatives avec les variables environnementales suggérées par la littérature spécialisée (LLOYD AND TAYLOR, 1994 ; DAVIDSON et al., 1998 ; EPRON et al., 2006 ; OHASHI AND GYOKUSEN, 2007 ; NKONGOLO et al., 2010 ; ALLAIRE et al., 2012), prouvant ainsi son efficacité.

L'analyse des corrélations entre les variables indépendantes et les émissions de CO_2 montre qu'aucune d'entre elles n'est capable de prédire de manière satisfaisante la respiration du sol. L'hypothèse selon laquelle la respiration du sol peut être représentée par des relations linéaires n'est pas étayée dans la littérature, même avec l'inclusion de divers paramètres (REICHSTEIN et al., 2002 ; 2005 ;

DAVIDSON et al., 2006). Ceci est probablement dû au nombre de facteurs qui influencent les émissions et à la difficulté de prédire des données extrêmes.

Cependant, l'utilisation de méthodes statistiques, telles que la régression linéaire multiple robuste, s'est avérée efficace pour prédire les émissions des zones nouvellement boisées, ce qui peut s'expliquer par l'existence d'une multicolinéarité (tableaux 6 et 7). Par exemple, la conductivité thermique du sol est fonction de l'humidité, il s'agit donc dans ce cas d'une co-variable. L'existence d'observations discordantes (*valeurs aberrantes*) dans les données enregistrées a été notée, présentant deux violations des hypothèses statistiques, ce qui ne permettrait pas de les valider.

Pour tenter de corriger l'équation, Castellano et al. (2017) ont produit des modèles de régression linéaire multiple pour les superficies plantées en 1918 et 2014 avec un plus petit nombre de variables aléatoires, en considérant uniquement la température et l'humidité de l'air, la pression atmosphérique, le rapport C/N et l'humidité du sol. La corrélation multiple considérant la température de l'air a montré de meilleurs résultats que celle considérant la température du sol avec l'une des variables.

REMERCIEMENTS

Les auteurs souhaitent remercier la CAPES pour l'octroi d'une bourse de master au premier auteur, la FAPESP pour le projet 00241-5/2012, le département de physique de l'UNESP/Rio Claro pour son soutien logistique et les chercheurs qui ont collaboré au projet : André Moraes Dejuste, Flavio Henrique Rodrigues, Leandro Xavier, Amauri Antônio Mengârio, Sâmia Maria Tauk Tornisielo.

7. RÉFÉRENCES BIBLIOGRAPHIQUES

AYRES, et al. *BIOSTAT 5.0*. Belém : MCT - CNPq, 2007.

ALEXANDER, M. *Introducción a laMicrobiologia delSuelo*. Mexique : AGT Editor, 1980, 491 p.

ALLAIRE, S. E. et al. Multiscale spatial variability of CO2 emissions and correlations with physico-chemical soil properties. *Geoderma*, Amisterdam, n. 170, p. 251-260, 2012.

BAYER, C. *Dynamique de la matière organique du sol dans les systèmes de gestion du sol*. 1996. 240 f. Thèse de doctorat en agronomie - Université fédérale du Rio Grande do Sul, 1996.

BAYER, C. et al. Tillage and cropping system effects on soil humic acid characteristics as determined by electron spin resonance and fluorescence spectroscopies. *Geoderma*, Amsterdam, n. 105, p. 81-92, 2002.

BAYER, C. et al. Carbon sequestration in two Brazilian Cerrado soils under no-till. *Soil Tillage Research*, Amsterdam, n. 86, p. 237-245, 2006.

BAYER, C. et al. Soil carbon stabilisation and mitigation of greenhouse gas emissions in conservation agriculture. In : KLAUBERG FILHO O. ; MAFRA, A.L. ; GATIBONI L.C. (ed.). *Tópicos em ciência do solo*. Viçosa : SBCS, 2011. p. 55-118.

BILANDZIJA, D. ; ZGORELEC, Z. ; KISIE, I. The Influence of Agroclimatic Factors on Soil CO2Emissions. *Collegium Antropologicum*, n. 38, p. 77-83, 2014.

BISCALHO, E.S. et al. Spatial variability structure of soil CO2 emission and soil attributes in a sugarcane area. *Agriculture Ecosystems & Environment*, Amsterdam, n. 189, p. 206-215, 2014.

BOLINDER, M. A. ; ANGERS, D.A. ; GIROUX, M. & LAVERDIERE, M.R. Estimating C inputs retained as soil organic matter from corn (Zea mays L.). *Plant Soil*, n. 215, p. 85-91, 1999.

BOND-LAMBERTY, B. ; WANG, C. K. ; GOWER, S. T. A global relationship between the heterotrophic and autotrophic components of soil respiration ? *Global Change Biology*, n. 10, p.1756-66, 2004.

BRITO, L.F. et al. Soil CO2 emission of sugarcane field as affected by topography. *Scientia Agricola*, Piracicaba, n. 66, p. 77-83, .2009.

BRITO, L.F. et al. Spatial variability of soil CO2 emission of sugarcane field in different topography positions. *Bragantia*, Campinas, n. 69, p. 10-27, 2010.

CALIJURI, C. C. ; CUNHA, D.G.F. ; MOCCELIN, J. Ecological Fundamentals and Natural Cycles. In : CALIJURI, C.C. ; CUNHA, D.G.F. *Environmental Engineering Concepts, Technology and Management*. Rio de Janeiro : Elsiever, 2013. p. 131-154.

CAMPANILI, M ; SCHAFFER, W. B. (Org.). *Mata Atlàntica : patrimoine national des Brésiliens (Biodiversité 34)*. Brasilia : Ministère de l'environnement, 2010. p. 1-408.

CARDOSO, E.L. et al. Carbon and nitrogen stocks in soil under native forests and pastures in the pantanal biome. *Pesquisa agropecuària brasileira,* Brasilia, v. 45, n. 9, p. 1028-1035, 2010.

CASTELLANO, G. R. *Soil CO2 Emission in Restoration Areas in the Atlantic Forest.* 2015. 88 f. Mémoire (Master en Géosciences et Environnement). Institut des géosciences et des sciences exactesZUniversidade Estadual Paulista, Rio Claro, 2015.

CASTELLANO, G. R. et al. Quantification of soil CO_2 emission in two forested areas under different regeneration stages in Atlantic Forest. *Quimica Nova*, Sao Paulo, v.40, n.4, 2017

CHAMBERS, J. Q. et al. Respiration d'un écosystème forestier tropical : portionnement des sources et faible efficacité de l'utilisation du carbone. *Ecological Applications*, Washington, v.14, p. 72-88, 2004.

CHICOTA, R. *Field evaluation of a segmented TDR for soil moisture determination.* 2003. 100 f. Mémoire (maîtrise en agronomie) - École d'agriculture Luiz de Queiroz de l'Université de São Paulo, Piracicaba, 2003.

CHUNG, H. ; GROVE, J.H. ; SIX, J. Indications for soil carbon saturation in a temperate agroecosystem. *Soil Science Society American Journal, Madison*, v. 72, p.1132-1139, 2008.

DAVIDSON, E.A. ; JANSSENS, I.A. ; LUO, Y.Q. Sur la variabilité de la respiration dans les écosystèmes terrestres : aller au-delà du Q10. *Global Change Biology*, v. 12, 154-164, 2006.

DAVIDSON, E. A. et al. Belowground carbon allocation in forest estimated from literfall and IRGA-based soil respiration measurements. *Agricultural and Forest Meteorology*, San Andreans, v. 113, p. 39-41, 2002.

DAVIDSON, E. A ; BELK, E. ; BOONE, R. D. Soil water content and temperature as independent or confounded factors controlling soil respiration in a temperature mixed hardwood forest. *Global Change Biology*, n. 4, p. 217-227. 1998.

DENEF, K. ; SIX, J. Contributions des résidus incorporés et des racines vivantes au carbone associé aux agrégats et au carbone microbien dans deux sols présentant une minéralogie argileuse différente. *European Journal of Soil Science*, n. 57, p. 774-786, 2006.

DENMANM, K.L. et al. Couplages entre les changements dans le système climatique et la biogéochimie. In : SOLOMON, S. et al. (eds) *Climate Change 2007* : The Physical Science Basis. Contribution du groupe de travail I au quatrième rapport d'évaluation du groupe d'experts intergouvernemental sur l'évolution du climat. Royaume-Uni et États-Unis : Université de

Cambridge, 2007

DIAS, J. D. *CO2 flux from soil respiration in areas of native forest in Amazonia.* 2006. 87 f. Mémoire (Master - Écologie des agroécosystèmes) - Université de São Paulo Luiz de Queiroz, École d'agriculture. Piracicaba, 2006.

DIXON, R.K. et al. Carbon pools and flux of global forest ecosystems. *Science,* New York, v. 263, p. 185-190, 1994.

DUAH-YENTUMI, S. ; RONN, R., CHRISTENSES, S. Nutrients limiting microbial growth in a tropical forest soil of Ghana under different management. *AppliedSoilEcology,* Amsterdam, v. 8, p. 19-24. 1998.

SÃO PAULO (état). Département de l'environnement. *Plan de gestion de la forêt d'État Edmundo Navarro de Andrade.* CD ROOM : Institut forestier, 2005.

GROUPE D'EXPERTS INTERGOUVERNEMENTAL SUR L'ÉVOLUTION DU CLIMAT. *Les bases scientifiques - 2001.* Disponible à l'adresse http://www.ipcc.ch/ipccreports/tar/wg1/. Consulté le 03 août 2014.

GROUPE D'EXPERTS INTERGOUVERNEMENTAL SUR L'ÉVOLUTION DU CLIMAT. *Changement climatique 2001 : Impacts, adaptation et vulnérabilité. Contribution du groupe de travail II au troisième rapport d'évaluation du groupe d'experts intergouvernemental sur l'évolution du climat.* Royaume-Uni et États-Unis : Cambridge University Press, 2001.

EMBRAPA. Centre national de recherche sur les sols. *Brazilian Soil Classification System.* 2 ed. Rio de Janeiro : Embrapa SPI, 2006. p. 306.

EPRON, D. et al. Soil CO_2 efflux in a beech forest : dependence on soil temperature and soil water content. *Annales des sciences forestières,* Paris, v. 56, p. 221-6, 1999.

EPRON, D. et al. Spatial variation of soil respiration across a topographic gradient in a tropical rain forest in French Guiana. *Journal of Tropical Ecology,* Aberdeen, v. 22, p. 565-474, 2006.

FANG, C. et al. Soil CO_2efflux and its special variation in a Florida slash pine plantation. *Plant Soil,* v. 205, p. 135-146, 1998.

FAO - ORGANISATION DES NATIONS UNIES POUR L'ALIMENTATION ET L'AGRICULTURE. *État des forêts du monde 2001.* Rome : Organisation des Nations unies pour l'alimentation et l'agriculture. 2001. p. 181.

FERNANDES, T. J. G. *Contribution des certificats d'émission réduite (cers) à la viabilité économique de l'hévéaculture.* 2003. 82 f. Thèse (Doctorat en sciences forestières) Université fédérale de Viçosa, Viçosa. 2003.

FORSTER, H.W. ; MELLO, A. C. G. Aerial root biomass in heterogeneous reforestation trees in the Paranapanema valley, SP. *Instituto Florestal - Série Registro*, Sao Paulo, n.31, p. 153-157, 2007.

FUENTES, J. P. et al. Microbial activity affected by lime in a long-term no-till soil. *Tillage Research*, Amsterdam, n. 88, p. 123- 131, 2006.

GALE, W.J. ; CAMBARDELLA, C.A. ; BAILEY, T.B. Surface residue and root-derived carbonin stable and unstable aggregates. *Soil Science Society of American Journal*, n. 64, p. 196-201, 2000.

GARDNER, W.H. Water content. In : KLUTE, A. (Ed.) *Methods of soil analysis I* : Physical and mineralogical methods. Madison : Soil Science Society of America, 1986. p. 493-544.

GARZELLA T. P. *Automatisation de la lecture du lecteur Speedy et utilisation dans un programme de gestion de l'irrigation.* 2011. 99 f Thèse (Doctorat) - Université de Sao Paulo/School of Agriculture Luiz de Queiroz. 2011.

GRACE, J. Cycle du carbone. In : Simon Levin (Ed). *Encyclopedia of Biodiversity*, New York : Academic Press, 2001. p 69-629. v 1.

GREENE, W. H., *Econometric Analysys*. 6ème édition, New Jersey : Prentice Hall, 2008. 1178 p.

GREGORICH, E.G. ; ELLERT, B.H. ; MONREAL, C.M. Turnover of soil organic matter and storage of corn residue carbon estimated from natural[13] C abundance. *Canadian Journal of Soil Science*, n. 75, p. 161-167, 1995.

GOLCHIN, A. et al. Soil structure and carbon cycling. *Australian Journal of Soil Research*, Victoria, n. 32, p. 1043-1068, 1994.

HAIR JR, J. F. ; ANDERSON, R. E. ; TATHAM, R. L. ; BLACK, W. C. *Multivariate Data Analysis*. 5ème édition, Porto Alegre : Bookman, 2005. 688 p.

HANSON, P. J. et al. Separating root and soil microbial contributions to soil respiration : a review of methods and observations. *Biogeochemistry*, Oregon, n. 48, p. 115-46, 2000.

HASSINK, J. The capacity of soils to preserve organic C and N by their association with clayand silt particles. *Plant Soil*, n. 191, p. 77-87, 1997.

HOGBERG, P. ; NORDGREN, A. ; BUCHMANN, N. Large-scale forest girdling shows that current photosynthesis drives soil respiration. *Nature*, n. 411, p. 789-92, 2001.

HORA R, C. ; PRIMAVESI. O. ; SOARES J.J. Contribution des feuilles de liane à la production de litière dans un fragment de forêt saisonnière semi-décidue à Sao Carlos, SP. *Revista Brasileira de Botânica*, v.31, n.2, p.277-285, 2008.

JENKINSON, D.S. Soil organic matter : evolution. In : TERRON, P.U. ; ROJO, C. (Ed) *Soil conditions and plant development according to Russell.* Madrid : Mundi Prensa, 1992. 500 p.

KANG, S. Y. et al. Topographic and climatic controls on soil respiration in six temperate mixed-hardwood forest slopes. Korea. *Global change Biology*, Oxon, v.9, n. 10, p. 1427-1437, 2003.

KELLER, M. ; KAPLAN, W. A. ; WOFSY, S. C. Emission of N_2O, CH4 and CO_2 from tropical forest soils. *Journal of Geophysical Research Atmospheres*, Washington, v.91, n.11, p.17911802, 1986.

KHOMIK, M. ; ARAIN, M.A. ; McCAUGHEY, J. H. ; temporal and special variability of soil respiration in a boreal mixedwood forest. *Agricultural and Forest Meteorology*, Amsterdam, n.44, p. 244-256, 2006.

KJELDAHL, J. *Neue Methode zur Bestimmung des Stickstoffs in organischen Korpern, Z. Anal. Chem.*, v. 22, p. 366-382, 1883.

KLUTHCOUSKI, J. ; AIDAR, H. Implementation, management and results obtained with the santa fé system. In : KLUTHCOUSKI, J. ; STONE, L.F. ; AIDAR, H. (Org.) *Crop-livestock integration.* Santo Antônio de Goiàs : Embrapa Arroz e Feijao, 2003. p.407-459.

KLUTHCOUSKI, J. ; STONE, L.F. Performance of annual crops on Brachiaria straw. In : KLUTHCOUSKI, J. ; STONE, L.F. ; AIDAR, H. (eds). *Crop-livestock integration.* Santo Antônio de Goiàs : Embrapa Arroz e Feijao, 2003. p.500-522.

KOGEL-KNABNER, I. Approches analytiques pour la caractérisation de la matière organique du sol. *Org. géochimie*, n. 31, p. 609-625, 2000.

KUNTORO, A. ; WAHYU, A. The Effect of Deforestation on Regional Terrestrial Carbon Balance : A Case Study of Borneo Island. *Journal of International Development and Cooperation,* Japan, v. 15, p. 141-165, 2009.

KUTSCH. W. L. ; BANH, M. ; HEINEMEYER, A. *Soil Carbon Dynamic : an integrated methodology.* Royaume-Uni : Cambridge University Press, 2010, 298 p.

LA SCALA, Jr. N ; PANOSSO A.R ; PEREIRA G.T. Modelling short-term temporal changes of bare soil CO_2 emissions in a tropical agrosystem by using meteorological data. *Applied Soil Ecology,* v. 24, Amsterdam, p. 113-116, 2003.

LA SCALA, Jr. N. et al. Short term temporal changes in the spatial variability model of CO emissions from a Brasilian bare soil. *Soil Biology & Biochemistry*, Oxford, v.32, n.10, p. 14591462, 2000.

LEÓDIDO L.M. *Développement de méthodes et de moyens pour l'étalonnage dynamique des transducteurs de gaz à effet de serre.* 2006. 106 f. Mémoire de maîtrise - Faculté de technologie/Université de Brasilia - DF, Brasilia. 2006.

LI, Y. ; LINDDSTROM, M.J. Evaluating soil quality-soil redistribution relationship on terraces and sep hillslope. *Soil Science Amstendars Journal*. v. 65, p. 1500 - 1508, 2001.

LLOYD, J. ; TAYLOR, A. On the temperature dependence of soil respiration functional. *Ecology*, Oxford, v.8, n.3 p. 315-323, 1994.

LOVATO, T. et al. Carbon and nitrogen addition and its relationship with soil stocks and maize yield in management systems. *Revista Brasileira de Ciências do Solo*, n. 28, p.175-187, 2004.

MACHADO, F.B. ; NARDY, A.J.R. ; OLIVEIRA, M.A.F. Géologie et aspects pétrologiques des roches intrusives mésozoïques de la bordure orientale du bassin du Paranà dans l'État de Sao Paulo. *Revista Brasileira de Geociências*, n. 37, p.64-80, 2007.

MCDOWELL, N.G. et al. Estimating CO_2 flux from snow packs at three sites in the Rock Mountains. *Tree Physiology*, n. 20, p.745-753, 2000.

MONTEIRO, C.A.F. - *Dynamique climatique et pluviométrie dans l'État de São Paulo (étude géographique sous forme d'atlas)*. Institut de géographie, USP, 1973.

MOREIRA R. M. ; SILVA A. U. Production de litière de feuilles et superficie reboisée. *Revista Arvore*, Viçosa, v.28, n.1, p.49-59, 2004.

MORENO, L.X. *Développement d'un système d'analyse des flux de CO2 dans le sol par la méthode d'adsorption par rayonnement infrarouge*. 2012. 82 f. Mémoire (maîtrise) - Institut des géosciences et des sciences exactes/ "Julio de Mesquita Filho" Paulista State University, Rio Claro. 2012.

NCONGOLO, V. K. et al. Greenhouse gas fluxes and soil thermal properties in a pasture in central Missouri. *Journal of Environmental Sciences*, v. 22(7), p. 1029-1039.

NICOLOSO, R.S. *Mécanismes de stabilisation du carbone organique du sol dans les agroécosystèmes tempérés et subtropicaux*. 2009. 108 f. Thèse de doctorat - Université fédérale de Santa Maria, Santa Maria. 2009.

NUNES, P. C. *Influence of soil CO_2 efflux on forage production in an extensive pasture and an agrosilvopastoral system*. 2003. 68 f. Mémoire (maîtrise en sciences agricoles tropicales) - Faculté d'agronomie et de médecine vétérinaire/Université fédérale du Mato Grosso, Cuiabà. 2003.

OADES, J.M. ; GILLMAN, G.P. ; UEHARA, G. Interactions of soil organic matter and variablecharge clays. In : COLEMAN, D.C. ; OADES, J.M. & UEHARA, G. (Org.) *Dynamics of soil organic matter in tropical ecosystems*. Honolulu : Hawaii Press, 1989. p.69-95.

OADES, J.M. ; WATERS, A.G. Aggregate hierarchy in soils. *Australian Journal of Soil Research*,

Collingwood, v. 29, p.815-828, 1991.

ODUM , E. P. La stratégie de développement des écosystèmes. *Science*, n. 164, 262-70. 1969.

OHASHI, M., GYOKUSEN, K. Temporal chance in spatial variability of soil respiration on a slope of Japanese cedar (*Cryptomeria japonica* D. Don) forest. *Soil Biology and Biochemistry*, Oxford, n. 39, p. 1130- 1138, 2007.

PANOSSO, A.R. et al. Spatial and temporal variability of soil CO_2 emission in a sugarcane area under green and slash-and-burn managements. *Soil Tillage Research*, Amsterdam, n. 105, p. 275-282, 2009.

PANOSSO, A. R. et al. Soil CO_2 emission and its relationship to soil properties in sugar cane areas under Slash-and-burn and Green Harvest. *Soil Tillage Research*, Amsterdam, n. 111, p. 190196, 2011.

PEIXOTO, M.F.S. *Physical, chemical and biological attributes as indicators of soil quality*, 2008.

PENTEADO, M.M.A. Implications tectoniques dans la genèse des cuestas du bassin du Rio Claro (SP). In :(Org.)*Noticia Geomorfológica*. Campinas, vol. 15, no. 8, p. 19-41, 1968.

PENTEADO, M.M.A. Étude géomorphologique du site urbain de Rio Claro. In :(Org.) *Noticia Geomorfológica*, Campinas, n.° 42, p. 23-56, 1981.

PRIWITZER, T. ; CAPULIAK, J. ; BOSELA, M. ; SCHWARS, M. Preliminary results of soil respiration in beech, spruce and grassy stands. *Lesnicky casopis - Forestry Journal*, Bratislava, n.59 (3), p 189-196, 2013.

REICHSTEIN, et al. Ecosystem respiration in two Mediterranean evergreen Holm Oak forests : drought effects and decomposition dynamics. *Functional Ecology*, v.16, p. 27-39, 2006.

REICHSTEIN, et al. On the separation of net ecosystem exchange into assimilation and ecosystem respiration : review and improved algorithm. *Global Change Biology*, v.11, p. 14241439, 2005.

RAICH, J. W ; SCHLESINGER, W. H. The global carbon dioxide flux in soil respiration relationship to vegetation and climate. *Tellus*, Copenhague, n. 44, p. 81-99, 1992.

RODRIGUES R. R. La végétation de Piracicaba et des communes environnantes. *Circular tècnica IPEF*, Piracicaba, n. 189, p. 1-17, 1999.

ROSS, S. *Soil processes a systematic approach*. New York : Routledge, 1989, 444 p.

SABINE, C.L. et al. The oceanic sink for anthropogenic CO2, *Science*, v. 305, p. 367-371, 2004.

SABINO, C. V. ; LAGE, V. L. ; ALMEIDA, K. C. B. Use of robust statistical methods in environmental analysis. *Eng Sanit Ambiental*, numéro spécial, p. 87-94, 2014.

SÃO PAULO (État). Secrétariat d'État à l'environnement - Projet Biota - Sao Paulo. *Probio,* 1998.

SCHLESINGER, W. H. *Biogeochemistry : analysis of global change.* 2. ed. Oxon : Academic Press, 1997. 234 p.

SCHINDLBACHER, A. et al. Winter Soil respiration from an Austrian mountain forest. *Agricultural And Forest Metereology,* Amsterdam, n. 146, p. 205-215, 2007.

SHI W. Y. et al. Soil CO_2emissions from five different types of land use on the semiarid Loess Plateau of China, with emphasis on the contribution of winter soil respiration. *Atmospheric Environment,* n.88, p.74-82, 2014.

SINGH, J. S. ; GUPTA, S. R. Plant decomposition and soil respiration in terrestrial ecosystems. *Botanical Review,* New York, v.43, n.4, p.499-528, 1977.

SIX, J. et al. Stabilisation mechanisms of soil organic matter : Implications for C-saturation of soils. *Plant Soil,* n. 241, p. 155-176, 2002.

SOTTA, E. D. *Flux de CO_2 entre le sol et l'atmosphère dans une forêt tropicale humide d'Amazonie centrale.* 1998. 150 f. Mémoire de maîtrise en sciences forestières - Institut national de recherche amazonienne, Manaus. 1998.

SOTTA, E. F. et al. Soil CO_2 efflux in a tropical forest in the central Amazon. *Global Change Biology,* Oxford, v.10, n.5, p. 601-617, 2004.

SIQUEIRA, J.O. ; FRANCO, A.A. *Biotecnologia do solo : fundamentos e perspectivas.* Brasilia : MEC/ABEAS ; Lavras : ESAL/FAEPE, 1988. 236 p.

STEWART, C.E. et al. Soil C saturation : linking concept and measurable C pools. *Soil Science Society of American Journal,* n. 72, p. 379-392, 2008

STEWART, C.E. et al. Soil carbon saturation : Implications for measurable carbon pool dynamics in long-term incubations. *Soil Biology & Biochemistry,* Oxford, n.41, p. 357-366, 2009.

SUBKE, J. A. ; INGLIMA, I. ; COTRUFO, M. F. Trends and methodological impacts in soil CO2 efflux partitioning : a meta-analytical review. *Global Change Biology,* n.12, p. 921-43, 2006.

TEIXEIRA, D.D.B. et al. Spatial variability of soil CO_2 emission in a sugarcane area characterised by secondary information. *Scientia Agricola,* Piracicaba, n. 70, p. 195-203, 2013.

THORNTWAITE, C.W. ; MATHER, J.R. *The water balance.* Centerton, N.J. : The Laboratory of Climatology, 1981, 104 p.

TISDALL, J.M. ; OADES, J.M. Organic matter and water-stable aggregates in soils. *Journal of Soil Science,* n. 33, p. 141-163, 1982.

TRUMBORE, S.E. et al. Seasonal variation in the soil respiration rate in coniferous forest soils. *Soils Biology & Biochemistry*, Oxford, v. 34, n.9, p. 1375-1379, 2002.

URQUIAGA, S. et al. Variations des stocks de carbone et des émissions de gaz à effet de serre dans les sols des régions tropicales et subtropicales du Brésil : une analyse critique. *Informe Agronomico*, n. 130, p.12-21, 2010.

RAZAFIMBELO, T.M. et al. Aggregate associated-C and physical protection in a tropical clayey soil under Malagasy conventional and no-tillage systems. *Soil & Tillage Research*, n. 98, p. 140-149, 2008.

VAN BAVEL, C. H. M. A soil aeration theory based on diffusion, *Soil Science*, n.72, p. 3346, 1951

VAN BAVEL, C. H. M. Gaseous diffusion and porosity in porous media. *Soil Science*, n. 73, p. 91-104, 1952.

VELOSO, H. P. ; RANGEL FILHO, A. L. R. ; LIMA, J. C. A. *Classification de la végétation brésilienne adaptée à un système universel*. Rio de Janeiro : IBGE (Département des ressources naturelles et des études environnementales), 1991. 124 p.

VESTERDAK, L. et al. Carbon and nitrogen in forest floor and mineral soil under six common European tree species. *Forest Ecology and Management*, n.255, p 78-83, 2008.

WATSON, T.R. ; NOBLE, R.I. ; BOLIN, B. ; RAVINDRANATH, N.H. ; VERARDO, J.D. ; DOKEN, J.D. *Land Use, Land Use Change, and Forestry*. Rapport spécial. Groupe d'experts intergouvernemental sur l'évolution du climat. Cambridge, Royaume-Uni, Cambridge University Press. 2000.

YEOMANS, J.C. & BREMNER, J.M. Une méthode rapide et précise pour la détermination de routine du carbone organique dans le sol. *Comm. Soil Sci. Plant Anal.* 19:1467-1476, 1988.

ZALAMENA, J. *Impact de l'utilisation des terres sur les attributs chimiques et physiques des sols sur le bord du plateau - RS*. 2008. 79p. Thèse (Master en sciences du sol). Université de Santa Maria - RS, Santa Maria, 2008.

ANNEXE 01 - Données utilisées pour préparer la régression linéaire multiple

Mesure	Calendrier	Enjeu	Umi. Air (°C)	Temp. de l'air Air (°C)	P Atm (hPa)	Humide. Sol (%)	Température du sol Sol (°C)	Cond. Tèrni, (W*nΓ⁻¹ K⁻¹)	C/N
1	8,41	1,08	54	23,7	940,2	26,0	18,31	0,63	10,14
2	9,55	2,29	41	24,8	940,8	40,9	19,76	1,06	10,63
3	9,65	2,23	41	27,3	940,8	40,9	19,76	1,06	10,63
4	9,75	2,01	29	33,3	940,8	40,9	19,76	1,06	10,63
5	10,3	2,10	33	30,2	940,8	37,7	19,41	0,97	10,27
6	10,41	2,17	35	28,5	940,5	37,7	19,41	0,97	10,27
7	10,22	2,28	35	29,7	940,5	37,7	19,41	0,97	10,27
8	10,98	1,79	24	35,8	940,1	22,8	21,82	1,07	11,94
9	11,04	1,84	22	37,2	939,7	22,8	21,82	1,07	11,94
10	11,23	1,93	24	35,5	939,7	22,8	21,82	1,07	11,94
11	14,66	2,01	15	43,4	940,8	21,6	33,02	0,41	12,63
12	14,8	2,06	12	46,2	940,5	21,6	33,02	0,41	12,63
13	14,93	1,96	15	48,3	940,5	21,6	33,02	0,41	12,63
14	16,06	1,61	13	36,3	934,6	31,9	23,45	0,92	8,57
15	16,21	1,53	13	36,6	933,8	31,9	23,45	0,92	8,57
16	16,33	1,33	13	36,6	934	31,9	23,45	0,92	8,57
17	16,95	1,71	21	32	934,2	40,9	23,49	0,96	10,01
18	17,06	1,71	23	31,1	934,2	40,9	23,49	0,96	10,01
19	17,18	1,77	26	30,8	934,2	40,9	23,49	0,96	10,01
20	14,2	0,96	13	45,3	932,4	46,2	25,735	0,96	10,63
21	14,3	0,89	13	45,4	932,4	47,2	25,735	0,96	10,63
22	14,41	1,01	12	46,9	932,2	48,2	25,735	0,96	10,63
23	14,85	1,61	11	47,5	931,5	29,5	35,295	0,86	13,63
24	14,95	1,68	12	46,9	931,9	30,5	35,295	0,86	13,63
25	15,1	1,57	12	46,2	931,9	31,5	35,295	0,86	13,63
26	15,21	1,15	14	44,3	931,9	33,2	29,14	0,73	10,63
27	15,45	1,06	11	47,4	931,9	35,2	29,14	0,73	10,63

Mesure	Calendrier	Enjeu	Umi. Air (°C)	Temp. de l'air Air (°C)	P Atm (hPa)	Humide. Sol (%)	Température du sol Sol (°C)	Cond. Tèrni (W⅛Γ⁻¹ K⁻¹)	C/N
28	15,53	0,98	15	48	931,9	36,2	29,14	0,73	10,63
29	15,95	1,61	13	45	932,4	32,3	27,49	0,57	18,81
30	16,05	1,60	13	40,4	931,8	33,3	27,49	0,57	18,81
31	16,26	1,61	17	37,1	932	35,3	27,49	0,57	18,81
32	16,36	1,60	15	37,3	932	36,3	27,49	0,57	18,81
33	7,25	0,64	64	23,9	939	28,5	22,55	0,41	9,51
34	7,5	0,68	54	26,3	939,5	28,5	22,55	0,41	9,51
35	7,66	0,65	48	28	939	28,5	22,55	0,41	9,51
36	8	0,68	45	30,4	940,4	28,5	22,55	0,41	9,51
37	8,23	0,93	40	34	940,4	26,5	23,94	0,49	9,95
38	8,51	0,93	28	40,7	940,3	26,5	23,94	0,49	9,95
39	8,61	0,86	14	44,3	940	26,5	23,94	0,49	9,95
40	8,76	0,86	25	41,5	940	26,5	23,94	0,49	9,95
41	8,98	0,61	22	42,4	940,2	25,2	23,32	0,34	10,69
42	9,11	0,69	29	39,3	940,5	25,2	23,32	0,34	10,69
43	9,26	0,64	25	40,5	940,5	25,2	23,32	0,34	10,69
44	9,51	0,58	23,2	37,3	940,6	25,2	23,32	0,34	10,69
45	9,6	0,51	33	36,7	940,6	25,2	23,32	0,34	10,69
46	9,76	0,75	31	37,9	940,4	30,2	25,1	0,80	9,68
47	9,88	0,98	26	41,6	940,4	30,2	25,1	0,80	9,68
48	9,98	0,93	14	44,8	940,4	30,2	25,1	0,80	9,68

Mesure	Calendrier	Enjeu	Umi. Air (°C)	Temp. de l'air Air (°C)	P Atm (hPa)	Humide. Sol (%)	Température du sol Sol (°C)	Cond. Tèrni (W*nr-1 K)-1	C/N
49	10,21	0,86	11	47,3	940	30,2	25,1	0,80	9,68
50	13,33	3,86	53	28	940,4	53,8	23,02	0,299	8,19
51	13,45	2,54	56	28	940,4	53,8	23,02	0,299	8,19
52	13,58	2,38	64	29,5	940,3	53,8	23,02	0,299	8,19
53	13,7	2,30	54	30,1	940,3	53,8	23,02	0,299	8,19
54	13,86	2,08	54	29,5	940,2	53,8	23,02	0,299	8,19
55	14,13	1,59	47	30,5	940,3	47,1	23,43	0,289	9,66*
56	14,31	1,68	49	30,1	940,2	47,1	23,43	0,289	9,66*
57	14,56	1,56	56	29,5	940,3	47,1	23,43	0,289	9,66*
58	14,65	1,55	54	29,3	940,1	47,1	23,43	0,289	9,66*
59	14,8	1,56	66	28,6	939,9	47,1	23,43	0,289	9,66*
60	15,33	1,47	57	28,7	940	50,5	23,3	0,449	8,67
61	15,13	1,03	62	28,7	939,7	50,5	23,3	0,449	8,67
62	15,3	1,11	64	28,4	939,6	50,5	23,3	0,449	8,67
63	15,41	0,92	66	28,1	939,6	50,5	23,3	0,449	8,67
64	15,6	1,19	62	28,3	939,4	50,5	23,3	0,449	8,67
65	15,88	1,32	61	28,7	939,5	48,8	22,95	0,32	8,42
66	16,01	1,09	66	28,7	939,5	48,8	22,95	0,32	8,42
67	16,11	1,25	65	28,2	939,3	48,8	22,95	0,32	8,42
68	16,25	1,39	58	27,9	939,2	48,8	22,95	0,32	8,42
69	14	0,85	47	27	940,2	43,8	21,42*	0,48*	11,39
70	14,01	0,76	49	27	940,3	43,8	21,42*	0,48*	11,39
71	14,03	0,61	48	27,1	940,2	43,8	21,42*	0,48*	11,39
72	7,2	0,89	48	27,2	940,3	43,8	21,42*	0,48*	11,39
73	15	3,04	80	26	939,5	65,6	22,51	0,58	10,61
74	15,25	2,92	78	26,2	939,5	65,6	22,51	0,58	10,61
75	15,36	2,76	78	26,5	939,3	65,6	22,51	0,58	10,61
76	15,5	1,97	77	26	939,2	65,6	22,51	0,58	10,61
77	15,66	1,75	70	26	939,7	60,6	22,48	0,55	10,81
78	16	2,57	72	25,8	939,6	60,6	22,48	0,55	10,81
79	16,01	1,23	70	25,8	939,6	60,6	22,48	0,55	10,81
80	16,31	3,35	68	26	939,4	60,6	22,48	0,55	10,81
81	16,5	2,73	68	26	939,5	60,6	22,48	0,55	10,81
82	16,75	2,07	65	25,5	940,2	53,8	22,85	0,72	10,46
83	17	2,57	60	25,5	940,3	53,8	22,85	0,72	10,46

Mesure	Calendrier	Enjeu	Umi. Air (°C)	Temp. de l'air Air (°C)	P Atm (hPa)	Humide. Sol (%)	Temp. du sol Sol (°C)	Cond thermique (W*m-1 K)-1	C/N
56	14,31	1,68	49	30,1	940,2	47,1	23,43	0,289	9,66*
57	14,56	1,56	56	29,5	940,3	47,1	23,43	0,289	9,66*
58	14,65	1,55	54	29,3	940,1	47,1	23,43	0,289	9,66*
59	14,8	1,56	66	28,6	939,9	47,1	23,43	0,289	9,66*
60	15,33	1,47	57	28,7	940	50,5	23,3	0,449	8,67
61	15,13	1,03	62	28,7	939,7	50,5	23,3	0,449	8,67
62	15,3	1,11	64	28,4	939,6	50,5	23,3	0,449	8,67
63	15,41	0,92	66	28,1	939,6	50,5	23,3	0,449	8,67
64	15,6	1,19	62	28,3	939,4	50,5	23,3	0,449	8,67
65	15,88	1,32	61	28,7	939,5	48,8	22,95	0,32	8,42
66	16,01	1,09	66	28,7	939,5	48,8	22,95	0,32	8,42
67	16,11	1,25	65	28,2	939,3	48,8	22,95	0,32	8,42
68	16,25	1,39	58	27,9	939,2	48,8	22,95	0,32	8,42
69	14	0,85	47	27	940,2	43,8	21,42*	0,48*	11,39
70	14,01	0,76	49	27	940,3	43,8	21,42*	0,48*	11,39
71	14,03	0,61	48	27,1	940,2	43,8	21,42*	0,48*	11,39
72	7,2	0,89	48	27,2	940,3	43,8	21,42*	0,48*	11,39
73	15	3,04	80	26	939,5	65,6	22,51	0,58	10,61
74	15,25	2,92	78	26,2	939,5	65,6	22,51	0,58	10,61

Mesure	Calendrier	Enjeu	Umi. Air (°C)	Temp. de l'air Air (°C)	P Atm (hPa)	Humide. Sol (%)	Temp. du sol Sol (°C)	Cond. thermique (W*m⁻¹ K)⁻¹	C/N
75	15,36	2,76	78	26,5	939,3	65,6	22,51	0,58	10,61
76	15,5	1,97	77	26	939,2	65,6	22,51	0,58	10,61
77	15,66	1,75	70	26	939,7	60,6	22,48	0,55	10,81
78	16	2,57	72	25,8	939,6	60,6	22,48	0,55	10,81
79	16,01	1,23	70	25,8	939,6	60,6	22,48	0,55	10,81
80	16,31	3,35	68	26	939,4	60,6	22,48	0,55	10,81
81	16,5	2,73	68	26	939,5	60,6	22,48	0,55	10,81
82	16,75	2,07	65	25,5	940,2	53,8	22,85	0,72	10,46
83	17	2,57	60	25,5	940,3	53,8	22,85	0,72	10,46
Mesure	Calendrier	Enjeu	Umi. Air (°C)	Temp. de l'air Air (°C)	P Atm (hPa)	Humide. Sol (%)	Temp. du sol Sol (°C)	Cond. thermique (W*m⁻¹ K)⁻¹	C/N
84	17,25	2,86	60	25,3	939,5	53,8	22,85	0,72	10,46
85	17,5	3,02	60	25,3	939,5	53,8	22,85	0,72	10,46
86	14,61	1,59	81	25,2	945,4	57,2	21,17	0,66	8,77
87	14,75	1,95	84	25,2	945,4	57,2	21,17	0,66	8,77
88	14,86	1,99	81	25,4	945,2	57,2	21,17	0,66	8,77
89	15,16	1,98	80	25,2	945,1	57,2	21,17	0,66	8,77
90	10,38	1,64	86	23,2	945,9	57,2	21,42*	0,48*	9,66
91	10,66	1,73	88	23,3	945,6	53,8	21,42*	0,48*	9,66
92	10,91	2,59	89	23,5	945,3	63,9	21,42*	0,48*	9,66
93	11,08	2,14	89	24,2	945,2	50,5	21,42*	0,48*	9,66
94	11,33	2,49	88	24,7	945,0	67,3	21,42*	0,48*	9,66
95	9,83	2,10	89	19,4	948,6	39,9	18	0,48*	9,66
96	10,08	2,03	88	19,6	948,8	39,9	18	0,48*	9,66
97	10,25	1,67	92	18,9	948,5	34,0	18	0,48*	9,66
98	9,58	2,40	77	21	949,3	70,0	18	0,48*	9,66

ANNEXE 02 - Résultats de la régression linéaire multiple

Zone		Problème mesuré	Emission observée	Émissions calculées Régression linéaire multiple	Aubier blanc	Robusta
	PARLER 15	1	1,08	0,84	0,84	0,95
		2	2,29	2,20	2,20	2,19
		3	2,23	2,04	2,04	2,06
		4	2,01	1,89	1,89	1,90
		5	2,10	1,78	1,78	1,82
		6	2,17	1,83	1,83	1,85
		7	2,28	1,74	1,74	1,78
		8	1,79	1,46	1,46	1,68
		9	1,84	1,36	1,36	1,59
		10	1,93	1,44	1,44	1,67
		11	2,01	1,87	1,87	1,88
		12	2,06	1,72	1,72	1,74
		13	1,96	1,53	1,53	1,60
		14	1,61	1,37	1,37	1,38
		15	1,53	1,26	1,26	1,28
		16	1,33	1,29	1,29	1,31
		17	1,71	1,91	1,91	1,89
		18	1,71	1,94	1,94	1,92
		19	1,77	1,91	1,91	1,90
		20	0,96	1,35	1,35	1,26
		21	0,89	1,38	1,38	1,28

Zone	Problème mesuré	Emission observée	Émissions calculées Régression linéaire multiple	Aubier blanc	Robusta
	22	1,01	1,32	1,32	1,22
	23	1,61	1,62	1,62	1,58
	24	1,68	1,72	1,72	1,67
	25	1,57	1,80	1,80	1,75
	26	1,15	1,06	1,06	1
	27	1,06	0,99	0,99	0,94
	28	0,98	0,92	0,92	0,88
	29	1,61	1,24	1,24	1,42
	30	1,60	1,50	1,50	1,63
	31	1,61	1,74	1,74	1,84
	32	1,60	1,80	1,80	1,88
	33	0,64	0,74	0,74	0,69
	34	0,68	0,84	0,84	0,77
	35	0,65	0,79	0,79	0,71
	36	0,68	0,86	0,86	0,81
	37	0,93	0,90	0,90	0,88
	38	0,93	0,69	0,69	0,69
	39	0,86	0,70	0,70	0,66
	40	0,86	0,68	0,68	0,66
	41	0,61	0,51	0,51	0,51
Zone	Problème mesuré	Emission observée	Émissions calculées Régression linéaire multiple	Aubier blanc	Robusta
TALLHÃO 15	42	0,69	0,61	0,61	0,63
	43	0,64	0,62	0,62	0,63
	44	0,58	0,88	0,88	0,85
	45	0,51	0,74	0,74	0,75
	46	0,75	1,39	1,39	1,39
	47	0,98	1,25	1,25	1,27
	48	0,93	1,27	1,27	1,26
	49	0,86	1,13	1,13	1,14
TABLEAU 23	50	3,86	1,82	1,82	1,57
	51	2,54	1,77	1,77	1,54
	52	2,38	1,52	1,52	1,34
	53	2,30	1,67	1,67	1,46
	54	2,08	1,70	1,70	1,49
	55	1,59	1,68	1,68	1,54
	56	1,68	1,66	1,66	1,53
	57	1,56	1,59	1,59	1,49
	58	1,55	1,62	1,62	1,51
	59	1,56	1,42	1,42	1,37
	60	1,47	1,81	1,81	1,70
	61	1,03	1,67	1,67	1,58
	62	1,11	1,65	1,65	1,57
	63	0,92	1,63	1,63	1,56
	64	1,19	1,68	1,68	1,60
	65	1,32	1,47	1,47	1,39
	66	1,09	1,38	1,38	1,33
	67	1,25	1,42	1,42	1,35
	68	1,39	1,56	1,56	1,46
	69	0,85	1,84	1,84	1,82

Zone	Problème mesuré	Emission observée	Émissions calculées Régression linéaire multiple	Aubier blanc	Robusta
	70	0,76	1,81	1,81	1,80
	71	0,61	1,81	1,81	1,80
	72	0,89	1,56	1,56	1,39
	73	3,04	2,15	2,15	2,05
	74	2,92	2,18	2,18	2,08
	75	2,76	2,15	2,15	2,05
	76	1,97	2,19	2,19	2,09
	77	1,75	2,19	2,19	2,11
	78	2,57	2,17	2,17	2,10
	79	1,23	2,21	2,21	2,13
	80	3,35	2,22	2,22	2,14
	81	2,73	2,24	2,24	2,17
	82	2,07	2,35	2,35	2,36
	83	2,57	2,47	2,47	2,45
Zone	Problème mesuré	Emission observée	Émissions calculées Régression linéaire multiple	Aubier blanc	Robusta
PARLER 23	84	2,86	2,40	2,40	2,39
	85	3,02	2,41	2,41	2,40
	86	1,59	2,36	2,36	2,38
	87	1,95	2,31	2,31	2,34
	88	1,99	2,34	2,34	2,36
	89	1,98	2,37	2,37	2,39
	90	1,64	2,21	2,21	2,11
	91	1,73	2,02	2,02	1,98
	92	2,59	2,32	2,32	2,18
	93	2,14	1,80	1,80	1,82
	94	2,49	2,36	2,36	2,20
	95	2,10	1,73	1,73	1,87
	96	2,03	1,77	1,77	1,91
	97	1,67	1,51	1,51	1,73
	98	2,40	2,97	2,97	2,75